Rotes Heft 74

Eisenbahnunfälle

von
Rolf Wachtel
Hans Georg Heide
Hubert Marxmüller

Verlag W. Kohlhammer

1. Auflage 2001
ISBN 3-17-016042-7

Stuttgart Berlin Köln
Verlagsort: Stuttgart
Gesamtherstellung: W. Kohlhammer Druckerei GmbH & Co.
Stuttgart
Printed in Germany

LANCIER
Rettungsgeräte
Einfach stark!
Hydraulische Rettungsgeräte
nach prEN 13204 und DIN 14751
z. B. „Großmaul“ Rettungsschere HHC 230-F,
Öffnungsweite: 230 mm, Schneidkraft: 517 kN
PETER LANCIER
GmbH & Co. KG
Petersheide 37
48167 Münster, Germany
Postfach 47 01 60
48075 Münster, Germany
Tel.: +49 (0) 2506/301-0
Fax: +49 (0) 2506/301-100
eMail: mail@lancier.de
http://www.lancier.de

Die Roten Hefte im Überblick:

1 Kurt Klingsohr
Verbrennen und Löschen
17. Auflage. Ca. 100 Seiten
Ca. € 8,–
ISBN 3-17-016993-9

2 Heinz Bartels
Ausbilden im Feuerwehrdienst
14. Auflage. 56 Seiten. € 7,–
ISBN 3-17-014580-0

3a Ferdinand Tretzel
Leinen, Seile, Hebezeuge
Teil 1: Stiche, Knoten und Bunde
14. Auflage. 120 Seiten. € 8,–
ISBN 3-17-014507-X

3b Ferdinand Tretzel
Leinen, Seile, Hebezeuge
Teil 2: Ziehen und Heben
14. Auflage. 136 Seiten. € 9,20
ISBN 3-17-015547-4

4 Lutz Rieck
Die Tragkraftspritze mit Volkswagen-Industriemotor
15. Auflage. 88 Seiten. € 7,–
ISBN 3-17-013974-6

5 Wolfgang Hamberger
Sicherheitstechnische Kennzahlen brennbarer Stoffe
184 Seiten. € 10,–
ISBN 3-17-012221-5

6 Lutz Rieck
Feuerlöscharmaturen
11. Auflage. 120 Seiten. € 8,–
ISBN 3-17-015171-1

7 Franz Anton Schneider
Löschwasserförderung
14. Auflage. 80 Seiten. € 7,–
ISBN 3-17-013208-3

8a Josef und Dieter Schütz
Feuerwehrfahrzeuge Teil 1
Typenbezeichnung, Kurzzeichen und allgemeine Anforderungen an Fahrgestell, Aufbau, löschtechnische Einrichtungen und Beladelisten der Löschfahrzeuge
11. Auflage. 160 Seiten. € 8,90
ISBN 3-17-013954-1

8b Josef und Dieter Schütz
Feuerwehrfahrzeuge Teil 2
Beschreibungen der Hubrettungsfahrzeuge, Rüst-, Geräte-, Rettungs- und Krankentransportwagen
11. Auflage. 136 Seiten. € 8,90
ISBN 3-17-014285-2

9 Hermann Schröder
Brandeinsatz
Praktische Hinweise für den Gruppen- und Zugführer
Ca. 110 Seiten. Ca. € 7,–
ISBN 3-17-012267-3

10 Hermann Schröder
Einsatztaktik für den Gruppenführer
15. Auflage. 120 Seiten. € 8,90
ISBN 3-17-015545-8

11 Kurt Klösters
Feuerwehrgeräte – Sicherheit durch Wartung
5. Auflage. 216 Seiten. € 11,50
ISBN 3-17-015543-1

12 Kurt Klösters
Kraftspritzen – Sicherheit durch Wartung
2. Auflage. 180 Seiten. € 9,20
ISBN 3-17-014284-4

13 Axel Häger
Baukunde
140 Seiten. € 8,–
ISBN 3-17-013817-0

14 Reimund Roß
Peter Symanowski
Feuerlöscher
10. Auflage. 76 Seiten. € 7,–
ISBN 3-17-016720-0

15 Karl-Heinz Knorr
Atemschutz
12. Auflage. 96 Seiten. € 7,–
ISBN 3-17-013205-9

17 Jürgen Kallenbach
Arbeitsschutz und Unfallverhütung bei den Feuerwehren
7. Auflage. 104 Seiten. € 8,–
ISBN 3-17-012349-1

18 Ferdinand Tretzel
Formeln, Tabellen und Wissenswertes für die Feuerwehr
7. Auflage. 224 Seiten. € 10,–
ISBN 3-17-014286-0

19 Sebastian Wirtz
Thomas Brandt
Erste Hilfe im Feuerwehrdienst
9. Auflage. Ca. 140 Seiten
Ca. € 10,50
ISBN 3-17-016925-4

20 Dieter Farrenkopf
Horst Miska
Strahlenschutz der Feuerwehr
7. Auflage. Ca. 100 Seiten
Ca. € 7,–
ISBN 3-17-014454-5

21 Karl-Heinz Knorr
Jochen Maaß
Öffentlichkeitsarbeit in der Feuerwehr
88 Seiten. € 7,–
ISBN 3-17-012345-9

23 Klaus Schneider
Feuerwehr im Straßenverkehr
2. Auflage. 100 Seiten. € 7,–
ISBN 3-17-013818-9

24 Herbert Rust/Wilhelm Rust
Feuerwehr-Einsatzübungen
9. Auflage. Ca. 100 Seiten
Ca. € 9,20
ISBN 3-17-017071-6

25 Dieter Karlsch/Walter Jonas
Vorbeugender Brandschutz
5. Auflage. 84 Seiten. € 7,–
ISBN 3-17-013207-5

26 Peter Lex
Bekämpfung von Waldbränden, Moorbränden, Heidebränden
4. Auflage. 168 Seiten. € 9,20
ISBN 3-17-014033-7

27a Lutz Rieck
Die Löschwasserversorgung
Teil 1: Die zentrale Wasserversorgung
4. Auflage. 112 Seiten. € 7,–
ISBN 3-17-015011-1

Fortsetzung auf Seite III am Schluß des Textes

Vorwort

Als sich die Autoren im Jahr 1998 zu einem ersten gemeinsamen Abstimmungsgespräch zu diesem Roten Heft trafen, gingen die Uhren bezüglich Unfallmeldungen und Modernisierungsprozess bei der Deutschen Bahn noch etwas langsamer als in der darauffolgenden Zeit bis heute. Das ICE-Unglück in Eschede und andere Unglücksfälle (Schönebeck, Elsterwerda, Brühl)[1] zeigten den Feuerwehren und Hilfsorganisationen auf eindringlichste Weise die Notwendigkeit auf, sich mit den Besonderheiten des Schienenverkehrs zu beschäftigen. Nur so können sie in Zukunft den besonderen Anforderungen bezüglich Ausbildung und Ausrüstung besser gerecht werden.

In ihren beruflichen Funktionen bei der Feuerwehr Mainz bzw. Stuttgart oder als Mitarbeiter der Deutschen Bahn AG sind die Autoren immer wieder mit der Gefahrenabwehr auf den Bahnanlagen befasst und geben dieses Wissen durch Veröffentlichungen in Fachzeitschriften weiter. Der Hauptbeweggrund an diesem Buch mitzuarbeiten war bei allen drei die Tatsache, dass es bislang keine Standardliteratur über das Thema Eisenbahnunfälle im Bereich der Feuerwehr und Hilfsorganisationen gibt. Die Autoren sehen ihre Aufgabe darin, den Helfern vor Ort ein möglichst umfas-

---

1 Eschede (3. Juni 1998), Schönebeck (1. Juni 1996), Elsterwerda (20. November 1997), Brühl (6. Februar 2000).

sendes Bild des heutigen Wissenstandes bezüglich der Bewältigung von Bahnunfällen zu vermitteln. Leider war es nicht immer einfach, auf die ständigen Änderungen und Neuentwicklungen im Bereich der Deutschen Bahn bezüglich der Organisation oder Fahrzeuggenerationen einzugehen. Viele Problempunkte sind zur Zeit auch noch in der Aufarbeitung und können deshalb nicht abschließend dargestellt werden. So steht zum Redaktionsschluss der Arbeiten zu diesem Roten Heft schon fest, dass auch in Zukunft noch vieles im Umbruch sein wird.

Dieses Rote Heft enthält ganz grundsätzliche Informationen über Verhaltensweisen beim Aufenthalt im Bereich von Gleisanlagen und praktische Tipps zur technischen Hilfeleistung, Rettung und Einsatzorganisation. Daneben erfährt der Leser vieles über typische Gefahren an Schienenfahrzeugen und die Organisationsstrukur der DB AG bei Schadenereignissen. Dieses Buch soll nicht nur aufgrund seines Glossars allen Einsatzkräften als Nachschlagewerk dienen und dazu beitragen, dass alle beteiligten an der Einsatzstelle die gleiche Sprache sprechen.

An dieser Stelle sei allen gedankt, die durch ihre Bereitschaft zur Diskussion und ihre Unterstützung mit Informationsmaterial zum Gelingen dieses Roten Heftes »Eisenbahnunfälle« beigetragen haben. Besonders zu nennen ist Herr Lehrlokführer i.R. Manfred Rieger, der mit seinem Wissen über den ICE 1 und ICE 2 einiges zu diesem Heft beigetragen hat.

Alle Angaben wurden sorgfältig zusammengetragen, dennoch können Fehler oder Ungenauigkeiten nie ganz ausgeschlossen werden. Im Zweifel gelten immer die einschlägigen Normen, Richtlinien und Vorschriften. Autoren und Verlag sind für entsprechende Hinweise und Vorschläge dankbar.

Inhaltsverzeichnis

1 Einführung/Besonderheiten des Eisenbahnbetriebes 9
1.1 Deutsche Bahn AG (DB AG) 11
1.1.1 Verknüpfungen mit anderen Verkehrssystemen ... 14
1.1.1.1 CargoTrailer 14
1.1.1.2 Rollende Landstraße (RoLa) 14
1.1.1.3 Autoreisezüge 15
1.1.1.4 Stadtbahnen 15
1.2 Nichtbundeseigene Eisenbahnen 16

2 Gesetzliche Grundlagen 17
2.1 Aufsichtsbehörde – Eisenbahn-Bundesamt (EBA) . 18

3 Notfallmanagement der Deutschen Bahn AG . 20
3.1 Notfalltechnik der Deutschen Bahn AG 23
3.1.1 Aufgleis- und Räumtechnik 23
3.1.2 Rettungstechnik 24
3.2 Inanspruchnahme des Technischen Hilfswerkes .. 27

4 Besonderheiten der Bahnanlagen 28
4.1 Zuggattungen 28
4.1.1 Technische Daten von Zügen 29
4.1.2 Besonderheiten der elektrischen Triebfahrzeuge .. 31

4.1.3 Bremsanlagen von Zügen 33
4.1.4 Kesselwagentypen 35
4.1.4.1 Kesselwagen für Druckgase 36
4.1.4.2 Kesselwagen für flüssige Stoffe 36
4.1.5 Besonderheiten der Hochgeschwindigkeitszüge (InterCityExpress) 37
4.1.5.1 Konstruktiver Aufbau der ICE-Züge 40
4.1.6 Gefahrenschwerpunkte bei Zügen 42
4.2 Bahnstrecken und topographische Gegebenheiten . 46
4.3 Oberleitungsanlagen 47

5 Einsatztaktische Maßnahmen 49
5.1 Maßnahmen zur Einsatzvorbereitung 49
5.1.1 Möglichkeiten der Alarmierung 49
5.1.1.1 Meldung durch eine bahnfremde Person 49
5.1.1.2 Meldung durch Bahnpersonal 51
5.1.1.3 Strecken-Fernsprecher (F-Kästen) 52
5.1.2 Zugänglichkeit – Unfall-Zuwegekarten 53
5.1.3 Löschwasserversorung 54
5.2 Grundsätzliche taktische Maßnahmen 55
5.2.1 Einstellen des Fahrbetriebes 55
5.2.2 Sichern von Zügen und Schienenfahrzeugen 58
5.2.2.1 Sicherungsmaßnahmen beim ICE 1/ICE 2 61
5.2.3 Sicherheitsregeln beim Aufenthalt in Gleisanlagen 66
5.2.3.1 Sicherheitsabstände zu befahrenen Streckenabschnitten 66
5.2.3.2 Sicherheitsabstände zu unter Spannung stehenden Anlageteilen 67

5.2.3.3 Retten von Stromverunfallten 68
5.2.3.4 Brandbekämpfung im Bereich elektrischer Anlagen 69
5.2.3.5 Bahnerden 74
5.3 Allgemeine Hinweise zur Einsatzabwicklung 80
5.4 Technische Hilfeleistung 87
5.4.1 Eindringen in Züge 87
5.4.1.1 Schaffen von Zugangsöffnungen beim ICE 89
5.4.2 Anheben von Fahrzeugen zur Personenrettung ... 96

6 Einsatzszenarien 98
6.1 Schadenszenarien bei Reisezügen 99
6.2 Gefahrgut-/Umweltsschutzeinsatz 103
6.2.1 Kennzeichnung der Wagen 106
6.3 Tunneleinsätze 109

7 Zusammenfassung 113

8 Zukünftige Entwicklungen 115
8.1 Stellwerkbereich 115
8.2 Signale 116
8.3 Funkfahrbetrieb 117
8.4 Funksteuerung von Zügen und Rangierlokomotiven 118
8.5 Kommunikation 118
8.6 Personal 119
8.7 Rettungstechnik 120
8.8 Bremstechnik 120
8.9 Automatische Mittelpufferkupplung 121

9 Glossar 122

10 Literaturverzeichnis 146

1 Einführung/Besonderheiten des Eisenbahnbetriebes

Bei Bahnlagen handelt es sich um einen ungewohnten und mit besonderen Gefahren ausgestatteten Verkehrsraum, der die Einsatzkräfte bei der Bewältigung von Schadenlagen oftmals mit Problemen konfrontiert, mit denen sie vorher nicht bzw. kaum vertraut waren. Dies stellt bei Einsätzen im Bereich von Schienenanlagen ein zusätzliches belastendes Element dar.

Nachfolgend ist anhand einiger Beispiele dargestellt, wie sich das schienengebundene Verkehrssystem vom Straßenverkehr unterscheidet:

- Der Schienenverkehr ist spurgebunden, d.h. Fahrzeuge können im Gefahrenfall nicht ausweichen. Im Gegensatz zum Straßenverkehr wird beim Schienenverkehr nicht auf Sicht, sondern im sogenannten Raum- oder Blockabstand gefahren.
- Beim Straßenverkehr handelt es sich vorwiegend um Fahrzeuge mit Verbrennungsmotor. Beim Schienenverkehr werden Fahrzeuge mit Elektro-, Dieselantrieb oder Hybridfahrzeuge, die beide Antriebsarten besitzen, eingesetzt. Besonders das Gefährdungspotential durch die Elektrifizierung (Oberleitungsspannung: 15 kV) unterscheidet den Schienenverkehr vom Straßenverkehr.
- Fassungsvermögen (Transportmengen) und Gewicht von Schienenfahrzeugen (Güterwagen, Kesselwagen und Lokomotiven) sowie Fahrgastzahlen (Personenwagen) sind um ein vielfa-

ches größer als im Straßenverkehr. Zudem werden sie durch das Verkehrsaufkommen bestimmt.

- Bei Straßenverkehrsunfällen sind es die Einsatzkräfte in der Regel gewohnt, Fahrzeuge und Einsatzgerät nahe an den Einsatzort heranfahren zu können. Beim Schienenverkehr sind aufgrund fehlender Zuwegbarkeit oder geeigneter Schienenfahrzeuge zuweilen lange Wege ohne den Einsatz vertrauter Hilfsmittel zurückzulegen.
- Beim Schienenverkehr sind die erreichten Geschwindigkeit und besonders die dadurch bedingten Bremswege ebenfalls um ein vielfaches größer als im Straßenverkehr. Bei einem Unfall kommt es aufgrund der hohen Geschwindigkeiten zu starken Verformungen/Zerstörungen mit den damit verbundenen schweren/tödlichen Verletzungen der Passagiere.

Es stellt sich die Frage, warum sich die öffentlichen Feuerwehren, deren Einsatzspektrum sowieso schon sehr weit gestreut ist, auch noch verstärkt mit den Besonderheiten des Schienenverkehrs beschäftigen müssen. Diese Frage soll nachfolgend anhand einiger Punkte beantwortet werden:

Zum einen wurde, wie im Kapitel 2 auf Seite 17 dargestellt, mit der Privatisierung der DB AG die Gefahrenabwehr auf die öffentlichen Feuerwehren verlagert. Zum anderen ermöglicht die schnelle Entwicklung der Leit- und Sicherungstechnik gerade im Bereich der spurgeführten Fahrzeuge einen hohen Automatisierungsgrad, der zwangsläufig auch mit einer Verringerung des vorhandenen Bahnpersonals verbunden ist. Im Falle eines Unglückes werden daher die Rettungskräfte unter Umständen relativ lange auf sich selbst gestellt sein, bevor Hilfe seitens des zuständigen Bahnbetreibers eintrifft[2]. Des Weiteren ergeben sich für die Einsatzkräfte aufgrund der zunehmenden Elektrifizierung und immer schnellerer, leiserer Schienenfahrzeuge auch größere Gefahrenpotentiale.

Dennoch bleibt anzumerken, dass die Eisenbahn trotz immer wieder vorkommender schwerer Unfälle eines der sichersten und wirtschaftlichsten Verkehrsmittel ist. Die meisten Einsätze im Gleisbereich werden durch Unfälle einzelner Personen gekennzeichnet sein. Als Schwerpunkte können Unfälle an Bahnübergängen durch unachtsame Straßenverkehrsteilnehmer und Suizidversuche genannt werden. So begehen jährlich etwa 600 Personen Selbsttötung auf den Gleisen.

1.1 Deutsche Bahn AG (DB AG)

Am 1. Januar 1994 entstand aus der Deutschen Bundesbahn und der Deutschen Reichsbahn die Deutsche Bahn AG. Hierbei handelt es sich um ein privatrechtliches Unternehmen, dessen alleiniger Aktionär die Bundesrepublik Deutschland ist. Ihr Unternehmenszweck ist es, Eisenbahnverkehrsleistungen, d.h. Transport von Personen und Gütern zu erbringen und zugleich die Verantwortung für die Infrastruktur, also Schienenwege und Bahnhöfe, zu übernehmen. Im Zuge der Privatisierung wurde die Bahn in organisatorisch und rechnerisch voneinander getrennte Aktiengesellschaften unter dem Dach einer Management-Holding aufgegliedert. Das operative Geschäft wird von verschiedenen Unter-

2 So beträgt die reine Wegzeit des Notfallmanagers: 30 Minuten (s.a. Kapitel 3).

nehmensbereichen wahrgenommen. Seit 1999 gibt es u. a. folgende Unternehmensbereiche mit ihren Führungsgesellschaften:

- **DB Regio AG**[3]

Geschäftsfeld: *Nahverkehrsleistungen.*

Hier ist die DB Regio AG einer von vielen Anbieter im sogenannten Bestellermarkt. Das Bestellerprinzip ist mit der Regionalisierung des Schienenpersonennahverkehrs am 1. Januar 1996 eingeführt worden. Auf der Basis des Regionalisierungsgesetzes stehen den Bundesländern für die Bestellung von Leistungen des öffentlichen Personennahverkehrs finanzielle Mittel zur Verfügung. Die von den Eisenbahnunternehmen zu erbringenden Leistungen werden vertraglich vereinbart. Daneben werden aber auch Strecken ohne Auftrag eines Bundeslandes betrieben (Fahrgastmarkt).

- **DB Reise & Touristik AG**[3]

Geschäftsfeld: *Beförderung von Reisenden im Fernverkehr.*

Der Schwerpunkt liegt bei Verbindungen zwischen Ballungsgebieten im In- und Ausland im mittleren Entfernungsbereich von 100 bis 450 km.

- **DB Cargo AG**

Geschäftsfeld: *Güterverkehr-Transportleistung.*

Transport von Massengütern und Rohstoffen (z.B. Öl, Kohle, Stahl) und Transporteinheiten (z.B. Container, Lkw) auf der Schiene vom Entstehungsort über die Weiterverarbeitung bis zum fertigen Produkt/Handel.

---

[3] Die beiden Sparten *DB Regio* und *DB Reise & Touristik* sollen unter Beibehaltung der gesellschaftsrechtlichen Verhältnisse in den *Unternehmensbereich Personenverkehr* zusammengeführt werden.

- **DB Station & Service AG**

Geschäftsfeld: *Personenbahnhöfe.*

Zur Verantwortung des Unternehmensbereiches Personenbahnhöfe gehören u.a. Erscheinungsbild der Bahnhöfe und Bahnsteige. Zu erwähnen sind insbesondere die 3-S-Zentralen, die ja mit ihrer Zuständigkeit für Service, Sicherheit und Sauberkeit auch immer Ansprechpartner für die Feuerwehr sind, sofern Bahnhofsgebäude betroffen sind. Sie dienen dort auch als Notfallmeldestellen.

- **DB Netz AG**

Geschäftsfeld: *Infrastruktur, Fahrweg, Energieversorgung.*

Der Unternehmensbereich Fahrweg ist für das Schienennetz des DB Konzerns zuständig und damit Dienstleister für Eisenbahnverkehrsunternehmen. Die DB Netz AG ist als Infrastrukturbetreiber für die Betriebsicherheit auf dem gesamten Streckennetz (etwa 38 000 km; siehe auch Glossar) und den Terminals des kombinierten Ladungsverkehrs verantwortlich. Sie muss aufgrund europäischen Rechts dafür sorgen, dass allen Eisenbahnunternehmern ein freier Zugang zur Eisenbahninfrastruktur ermöglicht wird. Mittlerweile fahren mehr als 200 nicht zur DB AG gehörende Eisenbahnverkehrsunternehmen auf deren Schienennetz. In Zusammenarbeit mit den verschiedenen Verkehrsleistungsanbietern erstellt und koordiniert die DB Netz AG die Fahrpläne.

Übergreifende Aufgaben und Geschäfte werden durch jeweils spezialisierte Tochtergesellschaften oder durch Dienstleistungs- bzw. Kompetenzzentren wahrgenommen.

1.1.1 Verknüpfungen mit anderen Verkehrssystemen

Neue Entwicklungen im Bereich des Schienenverkehrs zielen daraufhin, Güter und Personen möglichst ohne Unterbrechung der Transportkette (Haus-zu-Haus-Verkehr) zu befördern.

Der größte Schritt in diese Richtung ist beim Güterverkehr mit dem Einsatz von Container-Systemen gegangen worden. Die Transportkette kann beim Einsatz von Containern vom Herstellerbetrieb, über den Transportweg bis zum Endvertrieb durchgehend angeboten werden, ohne die Transportgüter selbst umladen zu müssen.

1.1.1.1 CargoTrailer

Mit dem »CargoTrailer« wurde ein weiterer Weg beschritten, die beiden Verkehrssysteme Straße und Schiene miteinander zu verbinden. Ein Lkw-Sattelauflieger wurde mit allen Komponenten eines Schienenfahrzeuges versehen. Einzig das Laufwerk, auch Drehgestell genannt, wurde weggelassen. Der Sattelauflieger wird mit einer gewöhnlichen Lkw-Zugmaschine zum nächsten Gleisanschluss gefahren. Dort wird der Sattelauflieger nach der Trennung von seiner Zugmaschine mit speziellen Laufwerken versehen, die einfach unter den Sattelauflieger geschoben werden. Die Prozedur wird bis zum fertigen Zug fortgesetzt. Man benötigt dazu keine weiteren Hilfsmittel, wie beispielsweise Kräne. Am Zielort wird diese Prozedur einfach umgekehrt und der Sattelauflieger mit einem Lkw weiter transportiert.

1.1.1.2 Rollende Landstraße (RoLa)

Bei der »Rollenden Landstraße« (RoLa) werden gewöhnliche Lkw-Sattelschlepper auf spezielle Flachwagen verladen. Die Lkw fahren dabei aus eigener Kraft auf diese Flachwagen. Das Lkw-Personal begleitet seine Fahrzeuge im selben Zug. Dabei wird lediglich ein Reisezugwagen an der Spitze des Zuges hinter der Lok beigestellt. Das Entladen wird wieder in der umgekehrten Reihenfolge durchgeführt.

1.1.1.3 Autoreisezüge

Autoreisezüge sind schon seit etwa 1930 bekannt. Sie ermöglichen es den Reisenden, zusammen mit ihren Pkw oder auch ihrem Motorrad im selben Zug zu fahren. Dabei werden die Pkw usw. auf Doppelstockflachwagen verladen und hinter die Reisezugwagen gehängt. Die Be- und Entladung erfolgt über eine Kopfladerampe durch die Fahrzeugbesitzer selbst.

1.1.1.4 Stadtbahnen

Mit den Stadtbahnen wurden zwei Verkehrssysteme verknüpft, nämlich die innerstädtische Straßenbahn und der Nahverkehrsbereich der DB AG. Die Stadtbahnfahrzeuge werden als sogenannte »Zweisystem-Fahrzeuge« ausgebildet. Dies bedeutet, dass sie sowohl im innerstädtischen Bereich als auch auf den Strecken der Bahn verkehren können. Dies gilt für die Speisespannung der Elektromotoren genauso wie für die Signalsysteme. Die Überleitung von den Strassenbahngleisen zu den Bahngleisen erfolgt über einfache Gleisverbindungen, ohne die Fahrt unterbrechen zu müssen.

Dass Stadtbahnen nicht immer elektrifiziert verkehren müssen, beweist seit Mitte 1999 das Beispiel Zwickau. Hier wurde der umgekehrte Weg gegangen. Eine Verkehrslinie mit Dieseltriebwagen fährt vom Umland über ein Verbindungsgleis in die Stadtmitte und benützt dabei die Signal- und Gleisanlagen der Straßenbahn.

1.2 Nichtbundeseigene Eisenbahnen

Viele Nebenbahnstrecken werden an andere Bahnbetreiber abgegeben. Oft bleibt die DB Netz AG der Eigentümer der Strecke, der Eisenbahnverkehr wird aber von privaten oder öffentlichen Verkehrsunternehmen (nichtbundeseigene Eisenbahnen) unterhalten. Als Beispiel ist hier die Bayerische Oberlandbahn (BOB) zu nennen, die die Strecken München – Bayrischzell, Tegernsee und Schliersee bedient.

Nichtbundeseigene Eisenbahnen verfügen in der Regel weder über eine vergleichbare Infrastruktur noch ist ihre betriebliche Gefahrenabwehr in der Regel mit dem Notfallmanagement der DB AG zu vergleichen. Hier sind die örtlichen Feuerwehren, in deren Ausrückebereich nichtbundeseigene Bahnen betrieben werden, aufgefordert, sich mit den jeweils Eisenbahnbetreiber in Verbindung zu setzen, um ein der DB AG entsprechendes Notfallmanagement, d.h. Bereitstellung von Fachberater und Technik in angemessener Zeit, abzustimmen. Dies muss dann in die örtlichen Alarm- und Einsatzpläne aufgenommen werden.

2 Gesetzliche Grundlagen

Die frühere Deutsche Bundesbahn war als Bundesbehörde für die Gefahrenabwehr auf dem Bundesbahngelände eigenverantwortlich zuständig. Zu diesem Zweck wurden an Standorten von beispielsweise Bahnwerken oder Güterbahnhöfen bahneigene Feuerwehren, sogenannte Bahnfeuerwehren als Betriebsfeuerwehren unterhalten. Hierbei handelte es sich in der Regel um Katastrophenschutzeinheiten des Bundes, die im Laufe der Zeit von der Deutschen Bundesbahn aber auch für den Gefahrstoffeinsatz oder die technische Hilfeleistung ausgerüstet wurden. Öffentliche Feuerwehren wurden nur auf Anforderung im Rahmen der Amtshilfe für die Gefahrenabwehr tätig. Mit der Privatisierung des Eisenbahnwesens in der Bundesrepublik Deutschland sind die Kommunen und damit die öffentlichen Feuerwehren für die Gefahrenabwehr auf den Schienenanlagen innerhalb ihres Ausrückebereiches verantwortlich. Die gesetzliche Grundlage ergibt sich aus dem Eisenbahnneuordnungsgesetz aus dem Jahr 1993.

Die bislang an vielen Standorten vorgehaltenen Bahnfeuerwehren wurden im Zuge der Privatisierung und Umstrukturierung der DB AG aufgelöst. Aufgrund ihrer besonderen Struktur und Gefährdungspotentiale ist die Deutsche Bahn AG aber weiterhin gesetzlich verpflichtet, an Maßnahmen des Brandschutzes und der Technischen Hilfeleistung mitzuwirken. Zur Regelung der Zusammenarbeit der DB AG mit den öffentlichen Feuerwehren im Rahmen der Gefahrenabwehr wurde im August 1998 eine Vereinbarung zwischen den Innenministern/-senatoren für Inneres der Länder und der Deutschen Bahn AG getroffen. In diesem Vertrag sichert die DB AG den öffentlichen Feuerwehren ihre Unterstützung in Bezug auf einsatzvorbereitende Maßnahmen und bei der Beschaffung von Einsatzmitteln zu, die für die Bewältigung bahntypischer Gefahren benötigt werden. Im Bereich der Aus- und Fortbildung sollen den Landesfeuerwehrschulen Übungsanlagen und bei Bedarf Lehrkräfte zur Verfügung gestellt werden. Des Weiteren sollen in Zukunft verstärkt gemeinsame Übungen durchgeführt werden. Bei Tunnelanlagen sollen diese im Abstand von längstens drei Jahren durchgeführt werden.

Zusätzlich zur der Vereinbarung zwischen den Ländern und der Deutschen Bahn AG gibt es in den einzelnen Bundesländern noch weitere gesetzliche Regelungen in Form von Erlassen oder ähnlichem. So wurde z.B. in Rheinland-Pfalz ein »Rahmen-, Alarm- und Einsatzplan Eisenbahn« erarbeitet, der den örtlichen Feuerwehren als Grundlage für ihre Alarm- und Einsatzplänen dient und den jeweiligen Gegebenheiten angepasst werden muss.

2.1 Aufsichtsbehörde – Eisenbahn-Bundesamt (EBA)

Die Deutsche Bundesbahn war als Bundesbehörde (Staatsbahn) sowohl als Verkehrsunternehmen als auch in der Rolle einer Eisenbahnverkehrsverwaltung tätig. Sie war gesetzlich verpflichtet, ihren Betrieb sicher zu führen, wobei sie aber nicht der Aufsicht allgemeiner Behörden unterlag. Nach der Umwandlung der Deutschen Bundesbahn in eine Aktiengesellschaft wurde für die Wahrnehmung der hoheitlichen Aufgaben im Zusammenhang mit dem Bahnwesen, wie z.B. Planfeststellung für Schienenwege, Bauaufsicht für Betriebsanlagen und die technische Aufsicht über die Eisenbahnen des Bundes das Eisenbahn-Bundesamt als Aufsichts- und Genehmigungsbehörde eingerichtet. Hierbei handelt es sich um eine selbständige Bundesoberbehörde des Bundesministeriums für Verkehr, Bau und Wohnungswesen. Nichtbundeseigene Eisenbahnen unterliegen der Aufsicht der zuständigen Ministerien der einzelnen Bundesländer. Eine weitere Aufgabe des Eisenbahn-Bundesamtes ist die fachliche Untersuchung der Ursachen und Hintergründe von Eisenbahnunfällen.

3 Notfallmanagement der Deutschen Bahn AG

Das bei der Deutschen Bahn AG vorgesehene Sicherheitskonzept besteht aus *vier Stufen,* die zum einen präventive konstruktive bzw. betriebliche Maßnahmen zum anderen die eigentliche Schadenbewältigung umfassen.

- *Stufe 1: Ereignisverhindernde Maßnahmen,* wie z.B. Optimierung der Betriebssicherheit durch regelmäßige Inspektion und Wartung, bauliche oder zeitmäßige Trennung von Reise- und Güterverkehr in Tunneln.
- *Stufe 2: Schadenausmaßverhindernde Maßnahmen,* wie z.B. Notbremsüberbrückung in Tunnelanlagen, Werkstoffeinsatz beim Bau von Zügen gemäß »DIN 5510 Vorbeugender Brandschutz in Schienenfahrzeugen«.
- *Stufe 3: Selbsthilfe und Selbstrettung,* wie z.B. Bekämpfung von Entstehungsbränden durch Zugpersonal, Fluchtwege, Notbeleuchtung und Notausgänge in Tunnelanlagen, Schulung des Zugpersonals.
- *Stufe 4: Fremdrettung* durch die örtlichen Feuerwehren mit Unterstützung der DB AG (Notfallmanagement und Notfalltechnik).

Zum 1. Januar 1997 wurde bei der DB AG das sogenannte Notfallmanagement eingeführt, das operativ vorwiegend im Bereich der DB Netz AG angesiedelt ist. Die zentrale Figur des Notfallmanagements ist der *Notfallmanager.* Er ist der Leiter eines Notfallbezirkes und entsprechend dem Notfallmanagement-Konzept der DB AG der direkte Ansprechpartner für die vor Ort tätigen Einsatzkräfte der Feuerwehr, der Polizei oder der Hilfsorganisationen. Er kennt die innerbetrieblichen Zusammenhänge und kann eine schnelle Umsetzung von Maßnahmen, wie z.B. Einstellen des Fahrbetriebes, Abschalten und Erden von Fahrleitungen, veranlassen. Innerhalb der Einsatzleitung ist der Notfallmanager der DB AG als Fachberater tätig und vertritt damit auch die Interessen der DB AG. Für seine Tätigkeit steht dem Notfallmanager ein geländegängiger Pkw mit besonderer Ausstattung (Sondersignal für Wegerecht) zur Verfügung. Zum Zwecke der Alarmierung ist er mit einem Mobiltelefon ausgestattet. Für die schnelle Erkennbarkeit an der Einsatzstelle ist der Notfallmanager mit einer orangefarbenen Warnweste mit der Aufschrift »DB-Notfallmanager« ausgerüstet.

Das gesamte Bundesgebiet ist in sogenannte Notfallbezirke aufgeteilt. Jeder Notfallbezirk wird von einem Notfallmanager betreut. Die Größe der einzelnen Notfallbezirke wurde so gewählt, dass der Notfallmanager in der Regel innerhalb von 30 Minuten an der Einsatzstelle verfügbar ist. Hierbei handelt es sich um eine errechnete Wegzeit, nicht um die Fahrzeit. Für Schienenbereiche, in denen nur ein geringes Notfallrisiko zu erwarten ist, gilt die oben genannte Wegzeit nicht. Für die Aufnahme von Schadensmeldungen bzw. Hilfeersuchen stehen bislang sogenannte Notfallmeldestellen (Fahrdienstleiter, 3-S-Zentralen usw.) bzw. vorläufig eingerichtete Notfallleitstellen für bestimmte Streckenabschnitte zur Verfügung. Im Zuge der Rationalisierung und Automatisierung werden die Aufgaben der Fahrdienstleiter von zentralen, computergesteuerten Stellwerken übernommen. Dieser Entwicklung trägt auch das Konzept der zentralen Notfallleitstellen Rechnung. An den Standorten der sieben Niederlassungen des Geschäftsbereiches Netz werden dann Notfallleitstellen eingerichtet, die die Entgegennahme von Unfallmeldungen und die Koordinierung von Maßnahmen im Rahmen des Notfallmanagements der Bahn AG als Aufgabe haben (Standorte siehe Glossar). Der Vorteil gegenüber den Notfallmeldestellen liegt darin, dass es dann unabhängig vom Ereignisort nur noch eine Stelle als Ansprechpartner der Feuerwehren bei einem Schienenunfall gibt. Da diese Notfallleitstellen für einen größeren Bereich, d.h. mehrere Notfallbezirke zuständig sind, werden die hier eingesetzten Mitarbeiter auch eine größere Routine bei der Entgegennahme von Meldungen und dem Einleiten erster Maßnahmen erlangen als die Mitarbeiter der Notfallmeldestellen, da diese jeweils nur einen kleinen Streckenabschnitt betreuen. Die Notfallleitstellen sind 24 Stunden besetzt und fungieren auch als rückwärtiger Dienst der Notfallmanager. Die Systemkomponenten der Notfallleitstellen bestehen aus einem Leitstellensystem, einem Telekomunikationssystem und einem geografischen Informationssystem, in dem digitale topografische Karten im Maßstab 1:1 000 000, 1:200 000 und 1:25 000 und weitere Informationssysteme, wie z.B. die entsprechenden Notfallmappen, hinterlegt sind. Die Notfallleitstellen sind durch eine bundesweit einheitliche 01 80-Rufnummer erreichbar, die nur den Polizei- und Feuerwehr-Leitstellen bekannt gegeben wird.

Bahnintern sind Brände in Gebäuden und Anlagen bzw. Schienenfahrzeugen umgehend zu melden. Nach Freigabe der Einsatzstelle ist sofort eine Gefährdungseinschätzung durchzuführen, um das weitere Vorgehen zur Sanierung des Brandes festzulegen. Die

Gefährdungseinschätzung wird vom Brandschutzbeauftragten des jeweiligen Bereiches durchgeführt, wobei zur Zusammenarbeit mit der Feuerwehr geraten wird. Bei größeren Bränden sind entsprechende Sachverständige hinzuzuziehen.

3.1 Notfalltechnik der Deutschen Bahn AG

Im Rahmen ihres Notfallmanagements hält die DB AG spezielle Fahrzeuge und technische Ausrüstung vor.

3.1.1 Aufgleis- und Räumtechnik

Für die Aufgleis- und Räumtechnik stehen **E**in**h**eitshilfs**g**erätewagen (EHG), **E**inheits**h**ilfs**z**üge (EHZ), **Z**weiwege-**H**ilfs**g**erätefahrzeuge (ZHG, Aufgleistechnik) und Schienenkräne (Räumtechnik) zur Verfügung. Zusätzlich zu der Ausrüstung für die Aufgleistechnik besitzt ein Teil dieser Wagen noch eine Ausrüstung für den Gefahrguteinsatz. Aufgrund ihrer oftmals langen Aufrüst- und Anmarschzeiten stehen sie nicht für Erstmaßnahmen am Einsatzort zur Verfügung. Da es sich um Schienenfahrzeuge handelt, müssen für ihren Einsatz die notwendigen Fahrwege bei laufendem Bahnbetrieb und ggf. Triebfahrzeuge bereitgestellt werden. In der in Kapitel 2 auf Seite 18 genannten Vereinbarung zwischen den Ländern und der DB AG werden Eintreffzeiten von 90 Minuten für Hauptstrecken, 120 Minuten für alle anderen Strecken zugesagt. In Augsburg wird zur Zeit eine mögliche Nachfolgegeneration für die obengenannte Aufgleistechnik auf der Basis eines Straßenfahr-

Bild 1: Zweiwegefahrzeug mit Abrollbehälter

zeuges (Zweiwege-Trägerfahrzeug mit Container) erprobt (Bild 1). Aufgrund der größeren Flexibilität dieser neuen Fahrzeuge wird sich in Zukunft dann vielleicht eine Reduzierung der Eintreffzeiten erreichen lassen.

3.1.2 Rettungstechnik

Unter Rettungstechnik versteht die DB AG die *sechs Rettungszüge,* die sie für den Bereich der Schnellfahrstrecken an den *Standorten* Hildesheim, Kassel, Fulda, Würzburg, Mannheim und Kornwestheim vorhält. Um die hohe Reisegeschwindigkeit von 250 km/h zu erreichen, wurden die Schienen möglichst geradlinig über weite Strecken durch Tunnel, über Dämme und Talbrücken geführt. Allein der Anteil der übertunnelten Strecke liegt bei rund 30 %. Da die Tunnel bis zu 10 800 Meter lang sind und nur in geringem Umfang Notausgänge besitzen, wurden die Rettungszüge konzipiert. Sie dienen zur Durchführung von Rettungsmaßnahmen auf den Schnellfahrstrecken und bestehen aus einem Stamm- und einem Pendelteil. Das Pendelteil dient zu Rettungs- und Logistiktransporten. Während das Stammteil z.B. bis zur Einsatzstelle weiterfährt, kann das Pendelteil für den Transport nachrückender Kräfte eingesetzt werden. Die Rettungszüge sind zum Zwecke des Pendelns mit zwei Dieselloks ausgerüstet, die aber nur bis zu einer Umgebungstemperatur von circa 60 °C eingesetzt werden können.

Die Rettungszüge übernehmen folgende Aufgaben:

- Transport von Einsatzkräften (1/2/17/**20**) zur Einsatzstelle.
- Fahrten im Tunnel auch bei Sichtbeeinträchtigung infolge von Rauch mit Hilfe von Infrarotsichtkameras.
- Vorhalten von feuerwehrtechnischem Gerät zur Rettung oder Befreiung von Verletzten (im wesentlichen Norm-Beladung eines LF 16 und eines RW 2 sowie ein Zuggerät zum Auseinanderziehen von entgleisten und ineinander verkeilten Schienenfahrzeugen.
- Bereithalten von Löschmitteln (20 m^3 Wasser und 1 m^3 Schaummittel), Löschgeräten und Feuerlösch-Kreiselpumpen (zwei TS 8/8) zur Bekämpfung von noch nicht fortgeschrittenen Bränden.
- Vorhalten von Einrichtungen zur notfallmedizinischen Erstversorgung und zum Transport von Verletzten (zwei Notärzte und acht Rettungssanitäter/-assistenten; Bild 2).

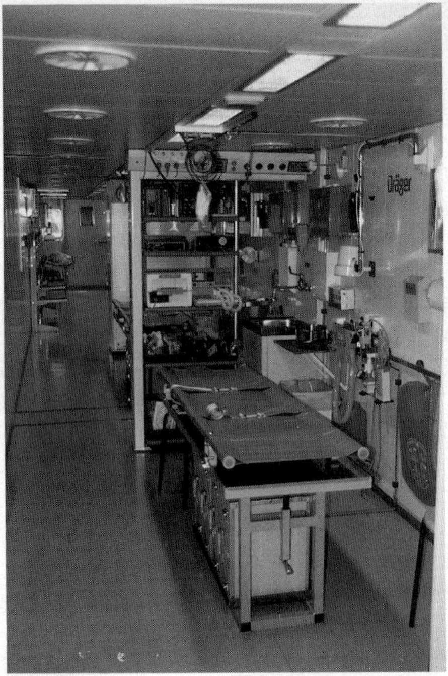

Bild 2: Sanitätsraum eines Rettungszuges

- Bereithalten von umluftunabhängigen Arbeits-, Transport- oder Rückzugräumen in gasdichten Containern (Aufnahmekapazität bis zu 200 Personen).
- Bereitstellung von Kommunikationseinrichtungen (Bündelfunk 800 MHz) und elektrischer Energie (auf Fahrgestellen montierte Stromerzeugungsaggregate).

Zur Besetzung der Rettungszüge mit Einsatzpersonal hat die Deutsche Bundesbahn mit den Standortstädten der Züge und den Gemeinden des Nahbereiches der Strecke Verträge abgeschlossen. Dies war notwendig, da zum einen der Rettungszugeinsatz über den Rahmen der Amtshilfe hinausging, zum anderen das Örtlichkeitsprinzip, nach dem die Feuerwehren nur innerhalb ihres Gemeindegebietes zuständig sind, nicht eingehalten werden konnte. Da die DB AG die Rechtsnachfolge der Deutschen Bundesbahn angetreten hat, bestehen diese Verträge noch immer. Bei Übungen und Einsätzen zeigte sich, dass das Konzept der Rettungszüge mit einigen Problemen behaftet ist. Aufgrund der zum Teil sehr speziellen Technik (Bündelfunk usw.) kommt es immer wieder zu Koordinierungs- und Kommunikationsproblemen. Des weiteren sind die Anfahrtswege aufgrund des Zuständigkeitsbereiches von etwa 80 bis 100 km Strecke relativ lang. Oftmals dauert es bis zu einer Stunde bis der Rettungszug vor Ort ist.

3.2 Inanspruchnahme des Technischen Hilfswerkes

Die DB AG hat auf der Grundlage des THW-Helferrechtsgesetz eine Vereinbarung über die Zusammenarbeit mit dem THW getroffen. In dieser Vereinbarung verpflichtet sich das THW, bei Unfällen, Katastrophen oder sonstigen ungewöhnlichen Betriebsstörungen auf Anforderung der DB AG technische Hilfe zu leisten. Im Falle eines Feuereinsatzes kann dies nur in Absprache mit dem Einsatzleiter der Feuerwehr geschehen. Denkbar wäre hier insbesondere der Einsatz von Einheiten der Fachgruppe Räumen oder der Fachgruppe Elektroversorgung.

4 Besonderheiten der Bahnanlagen

4.1 Zuggattungen

Entsprechend ihrem Einsatzzweck werden Schienenfahrzeuge den verschiedenen Aufgabengebieten des Schienenverkehrs, d.h. Personen-, Güterverkehr oder Sonderfahrten, zugeordnet.

Die Züge werden in Zuggattungen aufgeteilt, die wiederum den einzelnen Aktiengesellschaften zugewiesen sind. Jeder Zug erhält eine seiner Zuggattung entsprechende Zugnummer, die ihn eindeutig identifiziert. Dies trifft auch auf Züge von anderen Bahnen und Ländern zu, soweit sie auf dem Streckennetz der DB AG verkehren und vertraglich nichts anderes vereinbart wurde.

- **DB Reise & Touristik AG (Fernverkehr):**

ICE = InterCityExpress,
ICE-T = InterCityExpress mit Neigetechnik,
ICE-TD = InterCityExpress mit Neigetechnik und Dieselantrieb,
EC = EuroCity,
IC = InterCity,
IR = InterRegio,
DB Nachtzug = Nachtverkehr,
CityNightLine CNL AG = grenzüberschreitender Nachtverkehr,
DB AutoZug = Autoreisezüge,
sonstige Fernverkehrszüge anderer Bahnen und Länder.

Tabelle 1: Unterteilung der Triebfahrzeuge (Baureihen)

1. Ziffer der Baureihe	Bauart des Triebfahrzeuges
0	Dampflok
1	Elektrisches Triebfahrzeug (E-Lok, z. B. 114)
2	Diesellok
3	Diesel-Kleinlok (z. B. 399)
4	E-Triebzüge (z. B. ICE 1: 401)
6	Diesel-Triebwagen
7	Bahndienstfahrzeuge
9	Steuerwagen

- **DB Regio AG (Nahverkehr):**

RE = RegionalExpress,
RB = RegionalBahn,
SE = StadtExpress,
S-Bahn = Stadtschnell-Bahn,
DNR = sonstige Nahverkehrszüge anderer Bahnen und Länder.

- **DB Cargo AG (Güterverkehr):**

Güterzüge,
sonstige Güterzüge anderer Bahnen und Länder.
Die Unterteilung der Triebfahrzeuge erfolgt durch die erste Ziffer der Baureihe (Tabelle 1). Anhand dieser Ziffer kann auf die Bauart, d.h. E-Lok oder Diesellok usw., geschlossen werden.

4.1.1 Technische Daten von Zügen

In Tabelle 2 sind die wesentlichen technischen Daten von Zuggattungen der DB AG angegeben, soweit sie für den Einsatzleiter von Belang sind.

Tabelle 2: Technische Daten von Zügen

Fahrzeugart	Antriebsart	Anzahl Reisender	Höchstgeschwindigkeit[a]	max. Länge	Fahrzeuggewicht
IC/EC	Loktraktion	ca. 800	200 km/h	ca. 400 m	ca. 35 t
IR	Loktraktion	ca. 600 (800)	200 km/h	ca. 400 m	ca. 35 t
ICN ff	Loktraktion	ca. 500	160 km/h	ca. 360 m	ca. 35 t
RE/RB	Triebzug/ Loktraktion	ca. 80 je Fahrzeug	120–160 km/h	ca. 320 m	ca. 35 t
S-Bahn	Triebzug (neu)	ca. 80 je Fahrzeug	140 km/h	ca. 320 m	ca. 30 t
Doppelstockwagen	–	ca. 120 je Fahrzeug	140–160 km/h	ca. 320 m	ca. 50 t
Güterzug	Loktraktion	1–2 (Personal)	100–160 km/h		ca. 50 t
Lok/Triebkopf					80–100 t
Güterwagen					ca. 50 t
RoLa		20–30[b]	100		

a Bei den Geschwindigkeitsangaben wurden die zulässigen Streckenhöchstgeschwindigkeiten angegeben. Die technische Höchstgeschwindigkeit ist in der Regel zwischen 20–50 km/h höher.

b Die Lkw-Begleiter sind hinter dem Triebfahrzeug in einem Reisezugwagen untergebracht.

Die Höchstgeschwindigkeit eines Zuges ist vom Ausbaustand und der Signaltechnik einer Strecke abhängig. Die Auslastung mit Reisenden hängt von vielen Faktoren, wie z.B. Wochentag, Tageszeit und Streckenabschnitt ab. Auch die Zuglänge ist von den Verkehrsverhältnissen und -aufkommen abhängig. Dies kann von einzelnen Triebfahrzeugen bis zum 700 m langen Güterzug reichen.

4.1.2 Besonderheiten der elektrischen Triebfahrzeuge

In dem nachfolgenden Kapitel soll auf die Technik der elektrischen Triebfahrzeuge eingegangen werden.

- **Transformator und Fahrmotor**

Der Transformator (Umspanner) hat die Aufgabe, die Spannung der Fahrleitung von 15 kV auf den Wert von 500–600 V herunterzuteilen, auf den die Fahrmotoren ausgelegt sind. Bei älteren Fahrzeugen befinden sich die Transformatoren zum Teil mit im Maschinenraum, bei neueren Modellen unter oder auf den Triebfahrzeugen. Neben dem Spannungsabgriff für den Fahrmotor besitzen die Transformatoren noch weitere Wicklungen zum Abgreifen der Spannung für die Versorgung der Zugsammelschiene, Batterieladegeräte, Heizung und Klimatisierung. Als Kühl- oder Isolierflüssigkeit wird meist Mineralöl eingesetzt.

Elektrische Triebfahrzeuge werden entweder durch *Wechselstrommotoren* oder *Drehstrommotoren* angetrieben. Erstgenannte findet man nur noch bei älteren Fahrzeugen. Sie zeichnen sich durch ein großes Anzugsmoment und lastabhängiges Drehzahlverhalten aus. Die älteren Wechselstrom-Triebfahrzeuge sind im Maschinenraum nicht gegen Berührungsspannungen geschützt. Drehstrommotoren zeichnen sich durch eine kleine Baugröße und eine von der Geschwindigkeit unabhängige hohe Zugkraft aus. Sie werden deshalb in der Regel bei neuen Fahrzeugen sowohl im Güter- als auch im Reisezugbereich eingebaut. Da sich die Transformatoren und Stromrichter (Wechselstromtechnik) im Betrieb stark erwärmen, müssen sie gekühlt werden. Bei neueren Triebfahrzeugen geschieht dies durch jeweils zwei voneinander getrennte Kühlkreisläufe. Mittels Umwälzpumpen wird das erwärmte Kühlmittel zu Wärmetauschern in Kühltürmen befördert, die wiederum durch Lüfter mit kalter Frischluft versorgt werden. Auch die Fahrmotoren sind zur Kühlung mit Lüftern ausgestattet. In Zukunft eingesetzte elektrische Lokomotiven werden verstärkt mit elektrischer Mehrstromsystemtechnik ausgestattet sein, die einen grenzüberschreitenden Einsatz ermöglichen.

- **Stromabnehmer und Hauptschalter**

Mittels der Stromabnehmer wird eine leitende Verbindung zwischen Triebfahrzeug und Fahrleitung hergestellt. Befindet sich ein Stromabnehmerbügel mit der Oberleitung in Kontakt, stehen sämtliche Dachleitungen und auch der abgelegte Bügel unter Spannung. Zum Anheben des Stromabnehmers ist zur Arbeit gegen den federbetriebenen Senkantrieb Druckluft erforderlich, die bei aufgerüsteten Fahrzeugen aus der Hauptluftbehälterleitung entnommen wird. Bei abgerüstetem Fahrzeug erzeugt sie ein Hilfskompressor. Die Steuerung der Druckluft erfolgt über ein Magnetventil, dessen Stromzufuhr beim Absenken unterbrochen wird. Die Druckluft entweicht aus dem Senkantrieb und der Stromabnehmer wird durch die Senkfeder nach unten gedrückt.

Der sogenannte Hauptschalter[4] setzt zum einen den Transformator unter Spannung, zum anderen hat er auch die Funktion eines Sicherungsautomaten, indem er unter voller Belastung selbsttätig das Triebfahrzeug ausschaltet, wenn Teile der elektrischen Anlage gefährdet sind. Das Einschalten erfolgt mit Hilfe von Druckluft, während das Abschalten des Hauptschalters dadurch geschieht, dass die eingebaute Haltespule spannungslos geschaltet wird.

Der Hauptschalter wird mit einem Kippschalter im Führerpult betätigt. Bei älteren Bauformen dient die Druckluft auch zum Löschen des Ausschaltlichtbogens. Bei neueren Fahrzeugen sind sogenannte Vakuumschalter eingebaut, bei denen kein Lichtbogen entstehen kann.

- **Elektrische Bremsen**

Bei großen Geschwindigkeiten ist zur Schonung der Räder bei Einhaltung des maximalen Bremsweges neben der Druckluftbremse eine zusätzliche Bremse erforderlich. Hier wird unterschieden zwischen der reinen Widerstandsbremse, bei der die durch das Bremsen erzeugte Energie verloren geht, und der Nutzbremse, die bei neueren Fahrzeugen eingesetzt wird und die gewonnene Energie ins Netz zurück speist.

4.1.3 Bremsanlagen von Zügen

Züge sind generell mit Druckluftbremsen ausgestattet. Das Prinzip der Bremsanlage eines Zuges lässt sich vereinfacht wie folgt beschreiben.

---

4 Hierbei handelt es sich um elektrisch ferngesteuerte Hochspannung-Leistungsschalter. Oftmals sind auch mehrere eingebaut.

Im Triebfahrzeug wird Druckluft erzeugt und über eine durchgehende Druckluftleitung zu den einzelnen Wagen geführt. Jedes Fahrzeug besitzt zusätzliche Druckluftbehälter, um bei schnellen oder wiederholten Bremsvorgängen ausreichend Druckluftvorrat zur Verfügung zu haben. Über das Fahrzeugbremsventil wird die Druckluftanlage und die Bremsen der einzelnen Fahrzeuge angesteuert. Neben den Klotz- oder Scheibenbremsen gibt es noch Magnetschienenbremsen. Klotzbremsen werden nur noch bei älteren Fahrzeugen verwendet. Scheibenbremsen finden in allen neuen Fahrzeugen Verwendung. Die Magnetschienenbremse wird als Zusatzbremse verwendet, um vor allem im höheren Geschwindigkeitsbereich bessere Bremsleistungen zu erreichen. Der Triebfahrzeugführer steuert alle Bremsen seines Zuges zentral über das Führerbremsventil im Führerstand seines Zuges. Durch Drucksenkung wird der Bremsvorgang ausgelöst, entsprechend durch Druckerhöhung das Lösen der Bremsen.

Bei einem schnellen Druckverlust in der Luftleitung, z.B. bei einer Zugtrennung durch Reißen einer Kupplung, Notbremsung durch einen Fahrgast oder sonstige Beschädigung der Druckluftleitung, kommt es sofort zu einer Zwangsbremsung. Eine automatische Bremsung erfolgt auch, wenn der Triebfahrzeugführer sich nicht mehr durch Knopfdruck (**S**icherheits**fa**hrschaltung = Sifa, umgangssprachlich auch als Totmannschalter bezeichnet) meldet. Die **indu**ktive Zug**si**cherung (Indusi) sorgt dafür, dass ein Zug eine Zwangsbremsung erhält, wenn der Triebfahrzeugführer ein haltzeigendes oder langsamfahrtzeigendes Signal nicht beachtet hat.

Es gibt zwei verschiedene Systeme von Druckluftleitungen. Eine 5-bar-Druckleitung ist bei allen Schienenfahrzeugen als Bremsleitung vorhanden. Die 10-bar-Drucklufteitung, die für die Türschließeinrichtungen und Magnetschienenbremsen benötigt wird, findet man bei allen Reisezügen, Gepäckwägen, Autoverladewagen und vereinzelt bei speziellen Güterwagen im Schnellverkehr. Diese Leitungen können an den Fahrzeugenden gesperrt werden.

Bei Reisezügen, die auf Hochgeschwindigkeitsstrecken verkehren, z.B. Hannover-Würzburg, und bei S-Bahnen, die auf Tunnelstrecken verkehren, müssen alle Reisezugwagen und Triebfahrzeuge mit speziellen Bremseinrichtungen ausgerüstet sein. Diese sogenannten **e**lektro-**p**neumatischen Bremsen, auch als ep-Bremsen bezeichnet, ermöglichen es dem Triebfahrzeugführer, eine Notbremsung im Zug solange zu unterdrücken (Notbremsüberbrückung), bis der Zug einen Tunnel verlassen hat und im Freien zum Halten gebracht werden kann. Dies ist auch Bestandteil der Sicherheitskonzeptes der Schnellbahnstrecken.

4.1.4 Kesselwagentypen

Der Tankinhalt eines Kesselwagens reicht von 8 m^3 bis mehr als 100 m^3. Je nach der Art der Stoffe sind die Kesselwagentanks in Bezug auf Material, Armaturen und Sicherheitseinrichtungen unterschiedlich ausgelegt. Bis auf wenige Ausnahmen werden Eisenbahnkesselwagen von privaten Betreibern, sogenannten Einstellern, bewirtschaftet. Sie werden den Eisenbahnverkehrsunternehmen, z.B. DB Cargo AG, durch einen Einstellungsvertrag zum Zwecke der Beförderung übergeben. Erforderliche Frist- und Untersuchungsarbeiten sowie deren Überwachung obliegen dem Betreiber und werden auch von ihm veranlasst.

Kesselwagen lassen sich je nach transportiertem Inhalt grob in zwei Gruppen einteilen.

4.1.4.1 Kesselwagen für Druckgase

Bei Kesselwagen für Druckgase kommen unterschiedliche Füll- und Entleereinrichtungen zum Einsatz:

- Druckgaskesselwagen mit Untenentleerung,
- Druckgaskesselwagen mit Obenentleerung,
- Kesselwagen für tiefkalt verflüssigte Gase.

Obenliegende Füll- und Entleerarmaturen sind bei Druckkesselwagen für hochgiftige, unter Druck verflüssigte Gase (wie z.B. Chlor, Schwefeldioxid) vorgeschrieben.

Kesselwagen für tiefkalt verflüssigte Gase (wie z.B. Sauerstoff, Stickstoff, Argon usw.) sind mit Sicherheitsventilen ausgerüstet. Die Art und Anordnung der Armaturen variiert je nach Ladegut.

4.1.4.2 Kesselwagen für flüssige Stoffe

Auch bei diesen Kesselwagen kann eine grobe Einteilung entsprechend der Entleerungsart vorgenommen werden:

- Kesselwagen mit Untenentleerung (Mineralölkesselwagen),
- Kesselwagen mit Obenentleerung (Chemiekesselwagen),
- Kesselwagen mit Oben- und Untenentleerung.

Mehrkammersysteme bilden im Kesselwagenbau eher eine Ausnahme, daher befindet sich insbesondere bei Mineralölkesselwagen meist nur ein Bodenventil zur Entleerung am Wagen. Es muss immer damit gerechnet werden, dass das gesamte Kesselwagenvolumen austritt.

Neuere Kesselwagen werden kombiniert mit Oben- und Untenentleerung gebaut. Dadurch können mit ihnen sowohl Chemikalien als auch Mineralölprodukte transportiert werden.

Jeder Tank besitzt an gut zugänglicher Stelle ein Tankschild, auf dem unter anderem Angaben über Betriebsdruck, Baujahr, Volumen und Prüfungsdaten zu lesen sind. Weiterhin sind an beiden Längsseiten der Tanks folgende Angaben vorhanden:

- Wagennummer,
- Name des Einstellers
- Fassungsraum,
- Ladegutanschrift,
- Lastgrenzen des Kesselwagens,
- Eigengewicht des Kesselwagens.

Die im Bahnbetrieb üblichen Kesselwagenanschlüsse sind einheitlich genormt. Passende Übergangsstücke sind auf den genormten GW-G vorhanden.

4.1.5 Besonderheiten der Hochgeschwindigkeitszüge (InterCityExpress)

Um den Betriebsanforderungen, wie

- große Fahrgastzahlen (bis zu 1 200 Fahrgäste pro Zug),
- hohe Reisegeschwindigkeiten (bis zu 300 km/h),

gerecht zu werden, wurden besondere Bau- und Konstruktionsformen, sogenannte Hochgeschwindigkeitszüge, notwendig. Die Züge besitzen eine eigene Trassenführung, wobei die Schienen möglichst gradling über weite Strecken durch Tunnel, über Dämme und Talbrücken geführt werden.

Bei den ICE-Zügen (Tabelle 3) handelt es sich um die schnellsten Züge der Deutschen Bahn AG. Es muss zwischen den Zügen der ersten Generation, dem ICE 1, der seit 1991 auf Deutschlands Schienenwegen fährt und dem ICE 2, seit 1996 in Betrieb, unterschieden werden. Als neue Vertreter der ICE-Familie sind der ICE-T (InterCityExpress-Tilting), der ICE-TD (InterCityExpress-Tilting/

Tabelle 3: Daten der ICE-Züge

Zug	**ICE 1 (12 Mittelwagen einschl. Speisewagen, 2 Triebköpfe)**	**ICE 2 (5 Mittelwagen, 1 Speisewagen, 1 Steuerwagen, 1 Triebkopf)**	**ICE 3 (2 Endwagen, 2 Mittelwagen, 2 Stromrichterwagen, 2 Trafowagen)**	**ICE T (5/7 Wagen)**	**ICE TD (4 Wagen)**
Inbetriebnahme	ab 1990	ab 1996	ab 2000	ab 1999	ab 1999
Zahl der Züge	59	44	37/13	11/32	20
Zuggewicht	782 t	410 t	409/435 t	310/350 t	232 t
Länge	358 m	205 m (Halbzug)	200 m (Halbzug)	133/185 m (Halbzug)	106,7 m
Sitzplätze	673	391	415/04	250/381	195
Höchstgeschwindigkeit	280 km/h	280 km/h	330 km/h	230 km/h	200 km/h
Besonderheiten			13 Züge mehrsystemfähig	Neigetechnik	Neigetechnik und Dieselantrieb
Haupteinsatzgebiet	Neubaustrecke Hannover-Würzburg	Berlin-Hannover, Mannheim-Stuttgart	Neubaustrecke Köln-Rhein/Main	elektrifizierte, kurvenreiche Altstrecken, Ersatz für IC und EC	nicht elektrifizierte, kurvenreiche Altstrecken

Dieselelektrischer Antrieb) und der ICE 3 zu nennen. Der zuerst genannte ist ein Triebwagenzug, der aufgrund seiner aktiven Neigetechnik auch auf nicht ausgebauten Schnellfahrstrecken Geschwindigkeiten von bis zu 200 km/h erreichen soll. Der ICE-TD ermöglicht ähnliche Spitzengeschwindigkeiten auch auf nicht elektrifizierten Strecken. Sowohl bei der Entwicklung des ICE 3 (Höchstgeschwindigkeit: 350 km/h) als auch des ICE-T und ICE-TD wurde nicht mehr das Prinzip der Triebkopfzugtechnik angewandt, sondern es handelt sich um sogenannte Triebwagenzüge, d.h. der Antrieb der Züge ist auf die einzelnen Wagen verteilt (50 Prozent der Achsen werden direkt angetrieben). Dadurch kann z.B. der ICE 3 um die Hälfte schneller beschleunigen und größere Steigungen – bis zu 4 % – als seine Vorgänger bewältigen.

Die Wagenkonfiguration des ICE 1 besteht in der Regel aus zwei Triebköpfen und zwölf dazwischen gekuppelten Mittelwagen einschließlich Speisewagen. Diese können mit bis zu 66 Sitzplätzen ausgestattet sein. Der mitgeführte Restaurantwagen befindet sich zwischen den Wagen der 1. und 2. Klasse. Um den Zug im Bedarfsfall zur Ansteuerung zweier Ziele trennen zu können, ist der ICE 2 aus zwei identischen Einheiten (Halbzügen) aufgebaut. Jeder Halbzug ist mit einem Steuerwagen und einem Triebkopf ausgestattet. Dazwischen befinden sich fünf Mittelwagen und ein Speisewagen. Die Steuerwagen sind in Bezug auf die Steuerungs- und Überwachungstechnik sowie dem Aufbau der Führerräume identisch mit den Triebköpfen. Es fehlen lediglich Stromabnehmer, Antriebseinheit und Transformator. Aufgrund der sich dadurch ergebenden Platzersparnis ist im Steuerwagen auch ein Reiseabteil untergebracht. Die Standardbesatzung eines ICE setzt sich wie folgt zusammen:

- ein Triebzugführer,
- ein Bordtechniker (nicht in allen Zügen),
- vier Zugbegleiter,
- vier bzw. acht Restaurantmitarbeiter.

Bei den Baureihen ICE 2 + 3, ICE-T, ICE-TD können zwei bis drei Züge zusammengekuppelt werden. Die Längenangaben und Reisendenzahlen verändern sich dementsprechend.

Die ersten Züge des ICE 3 wurden zur EXPO-Ausstellung 2000 in Hannover in Dienst genommen. Nach der Fertigstellung der Neubaustrecke Köln–Rhein/Main wird er dann die beiden Ballungsgebiete Rhein/Main und Rhein/Ruhr miteinander verbinden.

4.1.5.1 Konstruktiver Aufbau der ICE-Züge

Aufgrund der Tatsache, dass die dritte Generation der ICE-Züge keine Triebköpfe besitzt, sondern es sich um sogenannte Triebwagenzüge handelt, gelten die Aussagen bezüglich der Triebköpfe nur für ICE 1/ICE 2.

Die Triebköpfe[5] der ICE-Züge sind in Stahlleichtbauweise ausgeführt. Für den Seitenwandaufbau wurde die herkömmliche Bauweise mit Glattblech und Profilversteifung gewählt. Die Antriebsspannung von 15 kV (16,7 Hz) gelangt über einen Stromabnehmer zum Unterflurtransformator. An der Sekundärwicklung des Trafos sind die Stromrichter (z.T. ölgekühlt) angeordnet, des weiteren werden hier die Spannungen der Hilfsbetriebe (880 V) und der Zugsammelschiene (1 000 V) für die Energieversorgung der Mittelwagen abgegriffen. In jedem Zug befindet sich ein Batterie-

5 Aufgrund des weitgehend gleichen Aufbaus soll im folgenden nicht mehr zwischen Triebköpfen und Steuerwagen unterschieden werden.

netz, das mit einer Gleichspannung von 110 V betrieben wird. Dazu sind an einer durch den gesamten Zug geführten Batterie-Sammelschiene alle Fahrzeugbatterien des Zuges angeschlossen. Die Motoren, die ihren Strom frequenz- und spannungsabhängig von den Stromrichtern erhalten, sind zu einem Drittel an den Drehgestellen und zu zwei Dritteln an den Fahrzeugkasten aufgehängt. Für den Triebfahrzeugführer befindet sich in jedem Führerraum eine Strickleiter als Ausstiegshilfe für den Notfall.

Allen ICE-Wagen ist die druckfeste Bauweise gemeinsam. Das heißt Fahrgast- und Führerräume sind druckgeschützt, ebenso die Doppelwellenbalg-Übergänge (Faltenbälge) an den Kuppelstellen der Wagen. Der Aufbau besteht aus einer selbsttragenden, geschweißten Leichtbaukonstruktion unter Verwendung von Großstrangpressprofilen, die aus Gründen des Korrosionsschutzes aus einer Aluminium-Legierung bestehen. Das durchlaufende und mit der Außenhaut bündige Fensterband besteht abwechselnd aus Sicht- und Blindscheiben. Die nicht öffenbaren Fensterscheiben bestehen aus Vierscheiben-Sicherheitsglas (Stärke: 37 mm). Nur das ovale Türfenster in den Schwenk-Schiebetüren ist bei Unglücksfällen als Notausstieg vorgesehen (siehe auch Kapitel 5.4.1.1). Alle ICE werden mit Evakuierungsstegen ausgerüstet, mit denen Fahrgäste auf freier Strecke aussteigen bzw. in einen anderen Zug umsteigen können. Fast zehn Prozent der Fahrzeugmasse entfallen auf Schallschutz und Wärmeisolierung. Alle Einrichtungen entsprechen der DIN 5510, d.h. brennbare Einbauten sind schwerentflammbar. Versorgungs- und Steuerleitungen verlaufen unter den Fußböden bzw. in den Seitenwänden in Kabelkanälen.

4.1.6 Gefahrenschwerpunkte bei Zügen

- **Betriebsstoffe**

In E-Lokomotiven werden wie schon erwähnt, Mineralöle als Isoliermedium für die Transformatoren, Stromrichter, Störstromfilter und Schaltwerke verwendet (Tabelle 4). Häufig werden diese Bauteile, da sie auch im Unterflurbereich eingebaut sind, durch Gegenstände auf dem Schienenkörper beschädigt oder durch die mechanischen Einwirkungen bei einem Unfall leckgeschlagen. Die größte Menge Isolieröl besitzt die E-Lok-Baureihe 120. Diese Fahrzeuge führen insgesamt etwa 3 700 Liter Isolieröl in ihren Elektroanlagen mit. Alle bei der DB AG verwendeten Isolieröle entsprechen der Norm nach VDE 0370/DIN 57370-T1 und sind frei von PCB.

Ein ebenfalls nicht zu unterschätzendes Risiko geht vom Tankinhalt der dieselbetriebenen Triebfahrzeuge aus (Tabelle 5), der von 800 bis 5 400 Liter reicht.

- **Elektrizität: Zugsammelschiene/Batterien**

Bei Reisezügen sorgt eine sogenannte Zugsammelschiene (Bild 3), die durch den gesamten Zug führt, für die Energieversorgung der einzelnen Wagen. Auf der Zugsammelschiene liegt eine Spannung bis zu 1 000 V. Beim ICE beträgt sie 670 V bzw. 1 000 V. Nur wenn die gesamte Energieversorgung abgeschaltet wurde, d.h. Dieselmotor aus bzw. Stromabnehmer gesenkt, ist die Leitung spannungsfrei. Bei Einsätzen an Eisenbahnfahrzeugen bestehen – auch bei abgesenktem Stromabnehmer – Gefahren durch elektrische Spannungen im Niederspannungsbereich (bis 1 kV), sofern nicht die entsprechenden Hauptschalter abgeschaltet worden sind. Dies hat seine Ursache u.a. darin, dass die Reisezugwagen

Tabelle 4: Isolier-/Transformatorenöl sowie Batterie-/Akkusäure in E-Triebfahrzeugen/E-Triebzügen (Füllmengen in Liter)

Baureihe	Transformator	Schaltwerk	Stromrichter	Ölkühler	Batterie-/Akkusäure
101 Drehstrom	2000	–	2 × 370	490	4 × 16
103	2750	500		90	4 × 16
109/142	1160	–	–	80	6 × 10
110, 113, 114, 139, 140	1880	210	–	110	4 × 11
111	2000	210	–	110	4 × 11
120 Drehstrom	3100	–	4 × 130	210	4 × 13
141	1380	50	–	90	4 × 11
112, 143	1280	140	–	–[a]	6 × 10
150	3000	190	–	130	4 × 11
151	2600	210	–	139	4 × 16
155	2740	140	–	–[a]	6 × 10
156	2600	140	–	–[a]	6 × 10
171	2600	140	–	–[a]	6 × 10
180	1000	–	15	190	4 × 13
181	2120	–	–	90	4 × 16
184	2500	–	–	90	4 × 16
401/402 Drehstrom ICE 1/ICE 2	2560	–	4 × 120[b]	2 × 100	4 × 16
ICT	900	–	–	60	4 × 153

a Die Ölmenge ist in den Transformatoren enthalten.
b Nur BR 401 001 – 020 und 401 501 – 520.

Tabelle 5: Betriebsstoffe bei Dieselloks (Füllmengen in Liter)

Baureihe	Diesel-kraftstoff	Diesel-motoröl	Strömungs-getriebeöl	Heizöl	Batterie-/Akkusäure
201/202/204	2 500	187	222	–	19 × 8
211/212/213	2 500	141	250/395	450	–
215	2 500	250	570	620	–
216	2 500	250	480	670	–
217	2 500	200	540	–	–
218	3 200	445/500	490/540	–	–
219	4 000	2 × 133	2 × 222	–	–
228	3 700	2 × 187	2 × 330-	–	–
229	4 000	2 × 180	2 × 290	–	–
232/234	5 400	1280	–	–	16 14
290/291/294/295	3 290	141/265	290	–	–
298	2 500	230	500	–	–
310	180	25	–	–	–
311	350	49	62/100	–	2 × 17
312	500	49/55–	62/70	–	2 × 17
323/324	110/180	28/37	88	–	–
332/333	270	53/80	94/120	–	–
335	300	80	120	–	–
344/347	1 890/2 100	160	170	–	–
360/361/364/365	1 400	80	275	–	2 × 12
610/611	1 000/1 300	60	60	150	–
700/701	770/940	8*48	–	–	–

oftmals zur Stromversorgung noch Batterien (24 V bzw. 110 V Gleichspannung) besitzen. Außerdem ist es wichtig zu wissen, dass in den Zwischenkreisen der Stromrichter auch bei einem von der Oberleitung getrennten Triebkopf noch eine Restspannung von bis zu 3 000 V vorhanden sein kann.

Bild 3: Zugsammelschiene in »Ruheposition« in der Sicherungsbuchse

- **Druckgasflaschen**

Einige Wagen (z.B. Speisewagen) besitzen Gasflaschen zur Energieversorgung an Bord, die ebenfalls seitlich am Wagenkasten angebracht sind.

4.2 Bahnstrecken und topographische Gegebenheiten

Es muss zwischen Bahnstrecken innerhalb bebauter Gebiete, im freien Gelände, in Rangierbereichen, in Tunneln und Streckenführung über große Brücken, Dämme o.ä. unterschieden werden.

Bei Bahnstrecken innerhalb bebauter Gebiete besteht insbesondere die Gefahr, dass auch am Unfallgeschehen unbeteiligte Personen oder Gebäude beeinträchtigt werden können. Als Beispiel ist hier das Zugunglück am 6. Februar 2000 in Brühl zu nennen, bei dem die circa 60-Tonnen-Lok mehrere Gebäude (Garagen und Wohngebäude) zerstörte bzw. stark beschädigte bevor sie zum Stehen kam.

Auf freier Strecke, in Rangierbereichen, auf Brücken und Dämmen stellt sich für die Einsatzkräfte hauptsächlich das Problem der Zugänglichkeit, um Geräte heranzuschaffen bzw. Verletzte abtransportieren zu können. In den Tunnelbereichen kommt neben der eingeschränkten Zugänglichkeit noch das Problem der schlechten Abführung von Wärme und Rauch hinzu.

4.3 Oberleitungsanlagen

Im folgenden sind die vorhandenen Spannungsbereiche im Bereich von Bahnbetriebsanlagen aufgeführt:

- **Oberleitungsanlage**

Die Oberleitungsanlage/Fahrdraht steht unter einer Einphasen-Wechselspannung von 15 kV (Frequenz: 16,7 Hz). Der Fahrdraht wird normalerweise 5,50 m bis 6,00 m über der Schienenoberkante geführt. Er kann im Bereich von Brücken und Tunneln bis auf 4,95 m, in Sonderfällen bis auf 4,80 m abgesenkt sein. Auf Nebenstrecken beträgt die Fahrdrahthöhe 5,30 m. Eine Ausnahme bilden die S-Bahnen der Städte Berlin und Hamburg. Sie fahren mit einer Gleichspannung von etwa 750 V bzw. 1 200 V, die aber unten an der Seite abgegriffen wird (Bild 4).

Bild 4: Seitlicher Stromabnehmer U-Bahn u. S-Bahn (Hamburg, Berlin)

Die innerstädtischen Straßen- und U-Bahn-Netze werden in der Regel mit 750 V-Gleichstrom betrieben.

- **Speise- und Bahnstromleitungen**

Von den Kraftwerken bzw. Umformerwerken wird die Energie über Bahnstromleitungen (110 kV, 16,7 Hz) zu den sogenannten Unterwerken transportiert. Diese spannen sie auf die Oberleitungsspannung um und verteilen sie über die Speiseleitungen (15 kV) auf das Oberleitungsnetz. Die Unterwerke werden da errichtet, wo der Energiebedarf besonders groß ist, d.h. Bahnknotenpunkte oder größere bzw. längere Steigungsbereiche.

Bei Hochspannung kann es schon bei Annäherung an unter Spannung stehende Anlagenteile (ohne Berührung) durch die Entstehung eines sogenannten Lichtbogens zum Stromübertritt auf den menschlichen Körper kommen. Der zum Spannungsüberschlag erforderliche Mindestabstand vergrößert sich bei guter Erdung des Überschlagziels und hoher Luftfeuchtigkeit zu Ungunsten des Betroffenen.

In den Auswirkungen auf den menschlichen Körper unterscheidet sich Hochspannung bzw. große Stromstärken von der Niederspannung vor allem in folgenden Punkten:

- Es kommt zu thermischen Schädigung durch erhebliche Verbrennungen an den Stromeintritts- und -austrittsstellen sowie Verkochungen und Verkohlungen des durchflossenen Gewebes.
- Häufig sind zusätzlich noch mechanisch bedingte Verletzungen wie Bruch o. Muskelrisse zu beobachten.
- Durch die Wirkung des Lichtbogens (lauter Knall, Lichtblitz) sind ferner Gehörschäden und Blendungen auch bei nicht direkt vom Stromfluss betroffenen Personen möglich.

5 Einsatztaktische Maßnahmen

5.1 Maßnahmen zur Einsatzvorbereitung

In den folgenden Kapiteln soll auf einsatzvorbereitende Maßnahmen hingewiesen werden, wie sie teilweise auch für andere Objekte innerhalb eines Gemeindegebietes von den örtlichen Feuerwehren durchgeführt werden müssen. Ansprechpartner für Abstimmungsgespräche bezüglich Alarm- und Einsatzpläne sind die Leiter der Betriebsstandorte der DB Netz AG. Diesen unterstehen auch die Notfallmanager.

5.1.1 Möglichkeiten der Alarmierung

Im Falle eines Schadenereignisses muss zwischen zwei Möglichkeiten zur Alarmierung des Notfallmanagers bzw. der Einsatzkräfte der Feuerwehr in Abhängigkeit vom Ort des Eingehens des Hilfeersuchens unterschieden werden.

5.1.1.1 Meldung durch eine bahnfremde Person

Im ersten Fall erfolgt die Meldung durch eine bahnfremde Person, z.B. aufgrund der Beobachtung eines Schienenunfalles, an die Feuerwehr-Leitstelle oder die Polizei-Leitstelle. Der Ablauf einer Alarmierung durch eine bahnfremde Person ist in Bild 5 darge-

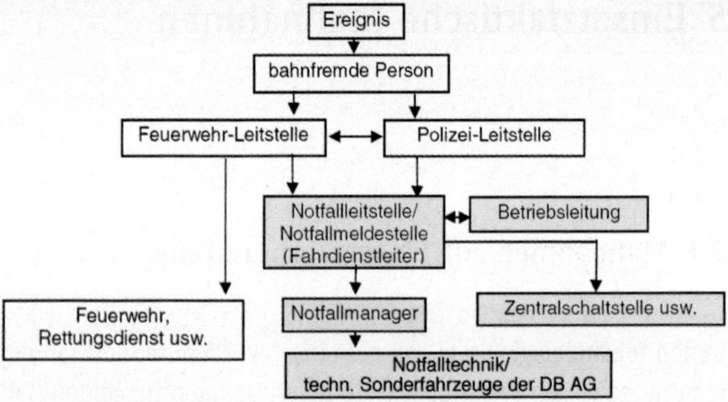

Bild 5: Meldung durch eine bahnfremde Person

stellt. Die das Hilfeersuchen entgegennehmende Stelle muss die zuständige Notfallmeldestelle/Notfallleitstelle der DB AG benachrichtigen, die dann weitere Maßnahmen, wie das Abschalten der Oberleitung über die Zentralschaltstelle (Zes) und die Alarmierung des Notfallmanagers veranlasst.

Neben den Notfallmeldestellen (Fahrdienstleitern) besteht noch die Möglichkeit, die Betriebsleitung des betroffenen Streckenabschnittes direkt anzurufen, da es sich hier um eine ständig besetzte Stelle handelt, die den einzelnen Notfallmeldestellen (Fahrdienstleitern) übergeordnet ist. Im Falle eines Schadenereignisses wird die Notfallmeldestelle immer auch die zuständige Betriebsleitung unterrichten. Wie schon in Kapitel 3 erwähnt, wird es in Zukunft nur noch die Notfallleitstellen an den sieben Niederlassungsstandorten geben.

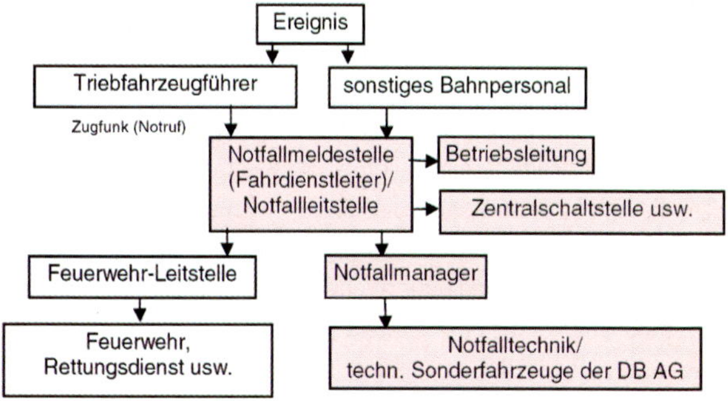

Bild 6: Meldung durch Bahnpersonal

5.1.1.2 Meldung durch Bahnpersonal

In Bild 6 ist der zweite Fall dargestellt. Hier erfolgt die Notfallmeldung durch das Bahnpersonal an die nächste Notfallmeldestelle/ Notfallleitstellte der DB AG. Diese veranlasst erste Maßnahmen und alarmiert die Feuerwehr, Rettungsdienst und gegebenenfalls andere.

Da sich das Schienennetz der DB AG auf das gesamte Bundesgebiet erstreckt, ist es bei beiden Alarmierungsarten unabdingbar, dass sowohl die Feuerwehren als auch die DB AG den für den jeweiligen Schadenort zuständigen Ansprechpartner kennen. Nur so können kurze Meldewege und damit Hilfsfristen realisiert werden. Dazu benötigen sowohl die Feuerwehren als auch die DB AG eine eindeutige Zuordnung zwischen den einzelnen Streckenabschnitten, den zuständigen Feuerwehren und den Notfallmeldestellen/Notfallleitstellen. Hierfür wurde z.B. vom Innenministerium Baden-Württemberg in Zusammenarbeit mit der DB AG eine sogenannte »Liste für Alarmierung und Einsatz der Feuerwehren auf Bahnstrecken« erstellt. Wird einer Notfallmeldestelle/Notfallleitstelle ein Schadenereignis gemeldet, so kann sie anhand dieser Liste die Telefonnummer der zuständigen Feuerwehr-Leitstelle ermitteln. Diese alarmiert dann wiederum mit Hilfe der Liste die entsprechende Gemeindefeuerwehr. Auf diese Weise wird vermieden, dass über den Feuerwehrruf 112 unter Umständen die falsche, d.h. nicht örtlich zuständige, Feuerwehr alarmiert wird.

5.1.1.3 Strecken-Fernsprecher (F-Kästen)

Eine Möglichkeit mit dem für einen Streckenabschnitt zuständigen Fahrdienstleiter vom Schienennetz aus in Kontakt zu treten, sind die Strecken-Fernsprecher des DB-Schienennetzes. Bei den Streckenfernsprechern handelt es sich um mit einem »F« (schwarz auf weißem Grund) gekennzeichnete Kästen, die einen Fernsprecher enthalten. Die Fernsprechkästen können mit einem Innen-Vierkantsteckschlüssel (9 mm) geöffnet werden. Eine innerhalb des Kastens angebrachte Rufzeichentafel zeigt an, wie der für den Streckenabschnitt zuständige Fahrdienstleiter (Notfallmeldestelle) erreicht bzw. ein Notruf[6] abgesetzt werden kann. Der Rufstrom wird mittels Kurbelinduktor im Apparat erzeugt. Alle Apparate auf einer Strecke sind parallel geschaltet, so dass jedes Gespräch von allen Fernsprechern mitgehört werden kann und alle Fernsprecher gleichzeitig läuten. An dieser Stelle bleibt anzumerken, dass die

[6] Bei allen Streckenfernsprechern ist der Notruf einheitlich: **10 10 10** (d.h. dreimal je 10 ununterbrochene Kurbelumdrehungen).

Strecken-Fernsprecher aber in Zukunft immer weiter abgebaut bzw. bei neuen Strecken nicht mehr installiert werden.

5.1.2 Zugänglichkeit – Unfall-Zuwegekarten

Für die Einsatzvorbereitung ist es wichtig, dass die Feuerwehren geeignete Wege- und Übersichtskarten, sogenannte Unfall-Zuwegekarten, von der DB AG erhalten, in denen die Zugänglichkeit der Gleisanlagen, d.h. Anfahrtswege und Zugänge zu den Bahnanlagen, und weitere einsatztaktisch relevante Informationen, wie die Wasserversorgung u.ä., dargestellt sind. Ein entsprechender Passus ist in der Vereinbarung zwischen den Ländern und der DB AG enthalten. Die Pläne werden in der Regel im Maßstab 1:25 000 bzw. in städtischen Bereichen im Maßstab 1:10 000 zur Verfügung erstellt. Hierbei handelt es sich um die gleichen Karten, die den Notfallleitstellen in digitaler Form vorliegen. Die Verteilung der Karten hat bei Redaktionsschluss gerade begonnen. Sie müssen von den örtlichen Feuerwehren bei Bedarf entsprechend ergänzt und aktualisiert werden, da Zufahrtsmöglichkeiten u.a. nur im Bereich der Rettungsplätze der Neubaustrecken eingetragen sind. Hierzu sind die Bahnanlagen vor Ort regelmäßig zu besichtigen, um die Karten immer wieder den aktuellen Gegebenheiten anzupassen. So kann die Zugänglichkeit aufgrund von beispielswiese Schallschutzwänden ganz erheblich eingeschränkt sein. Bei der Ergänzung/Aktualisierung der sogenannten Unfall-Zuwegekarten ist auch darauf zu achten, dass in Frage kommende Wald- und Feldwege für den Einsatz von Feuerwehrfahrzeugen ausreichend befestigt und instand gehalten werden müssen.

5.1.3 Löschwasserversorung

Die Löschwasserversorgung auf der freien Strecke wird wie auf den Fernverkehrsstraßen auch immer nur über Pendelbetrieb mit Tanklöschfahrzeugen oder durch Löschwasserförderung über lange Wegstrecken sichergestellt werden können. In älteren Rangierbahnhöfen ist es um die Löschwasserversorgung schlecht bestellt. So sind hier oftmals nur wenige Unterflurhydranten installiert, die meist von Schotter bedeckt und damit schwer zu finden sind.

Um schnell eine größere Menge Löschwasser vor Ort zu bringen, wird z.B. von der Bahnfeuerwehr des Rangierbahnhofes Maschen ein Kesselwagen mit einem Fassungsvermögen von 60 000 l in Verbindung mit einem Flachwagen, auf dem eine Tragkraftspritze und ein Monitor installiert sind, vorgehalten.

Im Zuge der Einsatzplanung müssen sich die Feuerwehren über die Löschwasserversorgung auf den Bahnanlagen innerhalb ihres Gemeindegebietes informieren und im Falle von gravierenden Mängeln hier entweder organisatorische Maßnahmen oder bauliche Nachrüstung fordern. Dies kann nur im Einvernehmen mit dem Eisenbahn-Bundesamt bzw. den zuständigen Länderbehörden geschehen, die ja die Bauaufsicht über die Betriebsanlagen haben.

5.2 Grundsätzliche taktische Maßnahmen

5.2.1 Einstellen des Fahrbetriebes

Bevor der Gleiskörper von den Rettungskräften betreten werden darf, muss der Fahrbetrieb im Bereich der Einsatzstelle eingestellt sein. Gerade in Schienenabschnitten, in denen mehrere Gleise nebeneinander verlaufen bzw. mittels Weichen ineinander übergeführt werden, ist es unmöglich, die Gefahr durch heranfahrende Züge richtig einzuschätzen. Es kann nicht davon ausgegangen werden, dass in einem betroffenen Streckenabschnitt bei Eintreffen der Hilfsorganisationen der Fahrbetrieb bereits eingestellt ist. Oftmals kann es je nach Charakteristik des Schadenereignisses sogar notwendig sein, noch auf der Strecke befindliche Züge durch eine Weiterfahrt außer Gefahr zu bringen (z.B. beim Brand eines mit Benzin gefüllten Kesselwagens in einem Güterbahnhof).

Der Einsatzleiter der Feuerwehr muss sich von dem Notfallmanager bzw. der Notfallmeldestelle (Fahrdienstleiter) die Sperrung der Gleise ausdrücklich bestätigen lassen. Falls die Sperrung noch nicht erfolgte, muss der Einsatzleiter dies über den Notfallmanager bzw. die Notfallmeldestelle (Fahrdienstleiter) veranlassen und die entsprechende Bestätigung abwarten. Von Seiten der DB AG werden noch bewegte Züge durch Signale, Bahnfunk oder elektronische Überwachungssysteme angehalten. Bezüglich der Gleissperrung und der Bestätigung durch die DB AG sind zwei grundsätzliche Verfahrensweisen in Abhängigkeit davon, ob der Notfallmanager schon an der Einsatzstelle eingetroffen ist, zu unterscheiden:

- Der Notfallmanager befindet sich noch auf der Anfahrt: Die Feuerwehr-Leitstelle fragt bei der Notfallleitstelle ab, ob die Gleissperrung durchgeführt wurde. Die Notfallleitstelle bestätigt der Feuerwehr-Leitstelle die Gleissperrung über Telefax. Die Feuerwehr-Leitstelle gibt diese Information an den Einsatzleiter weiter.
- Der Notfallmanager befindet sich bereits an der Einsatzstelle: Der Notfallmanager teilt die erfolgte Gleissperrung unmittelbar dem Einsatzleiter mündlich oder schriftlich mit.

Zur Eigensicherung sollte der Einsatzleiter darauf achten, dass sich nur die wirklich benötigten Einsatzkräfte im Gleisbereich aufhalten. Im Abstand von 300 m bis 500 m sind auch nach erfolgter Gleissperrung von der Feuerwehr eigene Warnposten/Streckenbeobachtungsposten aufzustellen, die im Falle eines herannahenden Zuges die anderen Einsatzkräfte über Handfunkgeräte warnen können. Dies gilt insbesondere bei mehrgleisigen Bahnanlagen (Bahnhöfe, Rangierbereich) für die gesamte Dauer des Einsatzes, da hier betriebsbedingt eine Vollsperrung von Seiten der DB AG möglichst vermieden wird. Müssen Gleise überquert werden, ohne dass eine Bestätigung der Gleissperrung vorliegt, darf dies nur an gut übersichtlichen Stellen geschehen, um eventuell herannahende Züge rechtzeitig erkennen zu können.

Bild 7: Nothaltesignal Sh 3 (*tags:* Fahne oder Arm; *nachts:* leuchtender Gegenstand)

Wenn ein Zug auf freier Strecke gestoppt werden soll, bietet sich das Signal »Sh 3 – Kreissignal – Sofort halten« als standardisiertes Nothaltsignal an (Bild 7), zumal eine rot-weiße Fahne sich auf allen genormten Löschfahrzeugen befindet. Ist den Einsatzkräften der Streckenverlauf bekannt, sollte besonders in unmittelbarer Nähe der signalgebenden Person ein Einsatzfahrzeug mit eingeschalteten Blaulicht aufgestellt werden, um die Signalwirkung zu erhöhen. Nachts eignet sich für die Signalgebung eine rote Winkerkelle bzw. eine Handlampe mit roter oder gelber Farbscheibe.

Je nach Geschwindigkeit sind aufgrund der langen Bremswege die in Tabelle 6 aufgeführten Mindestabstände zur Schadenstelle erforderlich.

Im Zweifelsfall sind *unbedingt* die drei Kilometer Mindestentfernung einzuhalten. Diese Maßnahme stellt den absoluten Ausnahmefall dar. Sie ist dann anzuwenden, wenn kein Ansprechpartner des Bahnbetreibers vor Ort ist und das Eingreifen der Einsatzkräfte ohne Verzögerung zwingend notwendig ist. Im Anschluss daran ist unmittelbar die Einstellung des Fahrbetriebes durch den Betreiber (DB AG) notwendig.

Die Wiederaufnahme des Fahrbetriebes wird nach *vorheriger Zustimmung des Einsatzleiters* vom Notfallmanager veranlasst.

Tabelle 6: Mindestabstände zur Schadenstelle

Höchstgeschwindigkeit	Mindestabstand zur Schadenstelle
≤ 160 km/h	1 km
≤ 230 km/h	2 km
≤ 350 km/h	3 km

5.2.2 Sichern von Zügen und Schienenfahrzeugen

Eine für den Großteil aller Einsätze mit Schienenfahrzeugen notwendige Maßnahme ist das Sichern der Fahrzeuge gegen unbeabsichtigtes Wegrollen. Trotz des enormen Gewichts lassen sich Züge oder einzelne Wagen wegen des geringen Rollwiderstandes zum Teil mit reiner Muskelkraft bewegen. Ein einmal ins Rollen gebrachter Zug oder Wagen lässt sich nicht mehr ohne weiteres bremsen.

Gewöhnliche Güterwagen mit Einachs-Fahrgestellen sind in der Regel nur mit einer normalen Druckluftbremsanlage ausgestattet. Sie haben *keine* manuell zu betätigende Feststellbremse. Wagen mit *Doppelachs-Drehgestellen* hingegen weisen eine solche von Hand bedienbare Bremse *(Handbremse)* auf. Sie befindet sich am Wagenende und wird mit Hilfe einer Kurbel über ein Zahnstangengetriebe bedient (Bild 8). Um im Notfall festgebremste Zugteile bewegen zu können, muss zuerst die evtl. vorhandene Federspeicherbremse am Fahrgestell gelöst und dann die Handbremse manuell geöffnet werden. Bei sogenannten Flachwagen befinden sich die Handbremseinrichtungen häufig an den Wagenseiten und sind durch ein in der Regel gelb lackiertes Handrad zu bedienen.

Grundsätzlich sollten Züge unter Mitwirkung des Triebfahrzeugführers mit Hilfe der Federspeicherbremsanlage und/oder zusätzlich mit den vorhandenen Handbremsen gesichert werden. Ist dies nicht möglich, sind *Radvorleger* oder *Hemmschuhe* zu verwenden (Bild 9). Hemmschuhe werden im Normalbetrieb für das einfache Sichern von Schienenfahrzeugen verwendet oder für das Bremsen von Güterwagen bei Rangierarbeiten. Letzteres erfordert

Bild 8: Handbremse bei Kesselwagen

große Erfahrung, so dass Hemmschuhe im Notfalleinsatz nur zum Sichern von stillstehenden Fahrzeugen verwendet werden sollten. Je Fahrzeug werden zwei Hemmschuhe verwendet, die auf beiden Seiten kräftig unter die Radlauffläche geschoben werden. Radvorleger werden mit Hilfe einer Klemmschraube auf der Schienenoberkante aufgesetzt.

Bild 9: Radvorleger

Problematischer sind in Bezug auf das Sichern gegen Wegrollen schienengeführte Seil- oder Zahnradbahnen. Bei beiden wirken auf die eigentlichen Spurräder in der Regel keine Bremskräfte, da die Verzögerung über den Antrieb, also das Seil oder Zahnrad, vorgenommen wird. Wegen ihres meist steilen Streckenverlaufes ergibt sich die Notwendigkeit, die Sicherungsmaßnahmen sorgfältig durchzuführen. Dies kann einerseits durch entsprechende Vorrichtungen an den Antriebseinheiten oder durch die Einsatzkräfte z.B. mit Hilfe von Anschlagseilen bewerkstelligt werden. Hierbei müssen Anschlagpunkt und -seil entsprechend der Streckensteigung und dem Gesamtgewicht des zu sichernden Fahrzeuges dimensioniert werden. Die Werte in Tabelle 7 können entsprechend der jeweiligen Steigung abgeschätzt werden.

Tabelle 7: Hangabtriebskraft in Abhängigkeit der Schienenneigung

Schienenneigung	0°–30°	30°–45°	> 45°
Hangabtriebskraft	Gesamtgewicht × 0.5	Gesamtgewicht × 0.7	Gesamtgewicht × 1

Das Kuppeln von Fahrzeugen kann durch Bahnfremde nur in Ausnahmefällen, wie z.B. Gefahrgutaustritt, gegebenenfalls nach Weisung von Kundigen, ausgeführt werden. Vor dem Trennen sind die Fahrzeuge unbedingt gegen Wegrollen entsprechend den vorgenannten Regeln zu sichern.

5.2.2.1 Sicherungsmaßnahmen beim ICE 1/ICE 2

Nachfolgend sind die Sicherungsmaßnahmen beim ICE 1/ICE 2 dargestellt. Sie zeigen die grundsätzliche Vorgehensweise und sind bei anderen Zugarten entsprechend anzuwenden.

- **Sichern gegen Wegrollen**

Um einen ICE 1/ICE 2 gegen Wegrollen oder unbeabsichtigte Bewegungen zu sichern, sind zwei Bremssysteme zu aktivieren:

1. die Druckluftbremse (Betriebsbremse),
2. die Federspeicherbremse (Feststellbremse, wirkt nur auf die Triebköpfe).

Grundsätzlich wird der Zug vom Triebfahrzeugführer gegen Wegrollen gesichert. Steht er jedoch nicht zur Verfügung, kann in der Regel nicht davon ausgegangen werden, dass diese Aufgabe auch vom Zugpersonal beherrscht wird. Der Betriebszustand der beiden Bremssysteme kann an jedem Triebkopf an der Bremsanzeige, die sich in der Mitte zwischen den beiden Drehgestellen befindet, abgelesen werden. Sind die Anzeigefelder der beiden Bremsen grün, so ist der Zug ungebremst. Ist nur das Anzeigefeld »Bremszylinder« rot, so muß aufgrund von Luftverlust mit einem Lösen der Druckluftbremse gerechnet werden. Nur wenn auch die Anzeige »Federspeicher« rot ist, befindet sich der Zug im gebremsten Zustand (Bild 10). Kann nicht auf geeignetes Personal der DB AG zurückgegriffen werden, geschieht das Sichern gegen unbeabsichtigtes Wegrollen folgendermaßen:

1. Zur Aktivierung der Druckluftbremse ist im Führerraum eines Triebkopfes der Notbremshebel (in Fahrtrichtung rechts unten) um 90° zu schwenken.
2. Zur Aktivierung der Federspreicherbremse sind zusätzlich in Fahrtrichtung rechts an der Führerraumrückwand die beiden Bedientaster zu betätigen:
   - ICE 1: »Fsp Br TK 1 anlegen« und »Fsp Br TK 2 anlegen«
   - ICE 2: »Eigene Fsp Br anlegen« und »Andere Fsp Br anlegen«

Bild 10: Statusanzeige der Bremsen eines Triebkopfes

- **Absenken der Stromabnehmer**

Befindet sich der Stromabnehmer in Kontakt mit der Oberleitung, so liegt die schon oben erwähnte Spannung von 1 000 V an der Zugsammelschiene an, die sich im Boden der Mittelwagen etwa im Bereich der Längsachse des Zuges befindet. In jedem Wagen wird die Spannung für die jeweiligen Verbraucher heruntergeteilt. Um gefahrlos in den Wagen arbeiten zu können, muß der Stromabnehmer von der Oberleitung getrennt werden. Dadurch wird die *Zugsammelschiene stromlos* und die Bordtechnik (z.B. Heizung und Klimaanlage) abgeschaltet. Wie in Kapitel 4.1.6 auf Seite 45 erläutert bleibt die Batterieversorgung (110 V) jedoch erhalten. An dieser Stelle sei auch nochmals auf die Gefahr durch Restspannungen in Kondensatoren (bis zu 3 000 V) hingewiesen. Grundsätzlich gilt auch hier, dass der Zug vom Triebfahrzeugführer stromlos geschaltet wird. Steht dieser jedoch nicht zur Verfügung, muß bei noch nicht erfolgter Trennung der »Not-Aus«-Schalter, der sich im Führerraum des Triebkopfes neben dem schon oben erwähnten Notbremshebel befindet, betätigt werden (Bild 11).

- **Abschaltung der Batterieversorgung**

Unter den Triebköpfen (auf beiden Seiten quer vor den Transformatoren) und unter allen Mittelwagen (einseitig etwa in der Wagenmitte) sind große Batterieblöcke angeordnet. Durch die 110 V-Batterieanlage wird die Versorgung der Bordtechnik, wie Innenbeleuchtung, Sprechanlage und andere Betriebsfunktionen gewährleistet. Die Kapazität der Batterien reicht für etwa drei Stunden. Alle Batterieblöcke lassen sich einzeln nach Entfernen der Batteriekastenabdeckung (unten an den Wagen, Aufschrift: Batterie)

Bild 11: »Not-Aus«-Schalter im ICE

mit Vierkant der DB AG und Öffnen des Batteriekastens durch Ziehen des Hauptsteckers vom restlichen Bordnetz trennen (Bild 12). Weiterhin kann die Batterie-Sammelschiene des gesamten Zuges zentral durch das Betätigen der Taste »Batterie Aus« an der in Fahrtrichtung rechten Rückwand des Führerraumes spannungsfrei geschaltet werden. Hierdurch werden aber noch weitere Vorgänge, wie

- Anlegen der Druckluftbremse (nicht Federspeicher),
- Absenken des Stromabnehmers,
- Ausfall der Beleuchtung aller Wagen (nur bei ICE 2 noch Notbeleuchtung),
- Abschalten der Sprechanlage,
- Entriegeln aller Türen ausgelöst.

Da im Anschluß an diese Maßnahme gerade für den Notfall wichtige Funktionen, wie z.B. die Sprechanlage, nicht mehr vorhanden sind, sollte diese Maßnahme nur in Absprache mit kundigem DB-Personal durchgeführt werden.

Bild 12: Batteriefach im Triebkopf eines ICE (Hauptstecker rechts unten)

5.2.3 Sicherheitsregeln beim Aufenthalt in Gleisanlagen

Aufgrund der Gefahren des Eisenbahnbetriebes sind die nachfolgenden Sicherheitsregeln zu beachten.

5.2.3.1 Sicherheitsabstände zu befahrenen Streckenabschnitten

Oftmals kann es vorkommen, dass aus betrieblichen Gründen doch nicht alle Strecken im Bereich einer Einsatzstelle gesperrt sind (Kapitel 5.2.1). Hier gelten dann die nachfolgenden Sicherheitsabstände:

- Von befahrenen Streckenbereichen ist ein *Mindestabstand* von drei Metern zur Gleismitte einzuhalten, in den weder Fahrzeuge noch Geräte hineinragen dürfen.
- Damit bei Wahrnehmung eines vermeintlich abgestellten Schienenfahrzeuges noch Zeit für den rettenden Sprung zu Seite bleibt, sind Gleise in einem *Mindestabstand* von zwei Metern zum Fahrzeug zu queren.
- Damit freie Leiterenden oder andere längere Gegenstände nicht von passierenden Schienenfahrzeugen erfasst werden können, sind sie stets an beiden Enden, möglichst parallel zum Gleiskörper zu tragen und beim Herannahen eines Zuges in *mindestens* drei Metern Abstand zur Gleismitte abzulegen.

Für die Bekleidung der Mitarbeiter der DB AG wird orange als Warnfarbe eingesetzt. Im Bereich von Einsatzstellen der Bahn sollten daher *orangerote Warnwesten* angelegt werden. Nachts oder bei trüber Witterung werden dunkelblaue Einsatzjacken auch trotz der angebrachten Reflexstreifen nur schlecht wahrgenommen.

5.2.3.2 Sicherheitsabstände zu unter Spannung stehenden Anlageteilen

Die einzuhaltenden Abstände zu unter Spannung stehenden Anlagenteilen sind in der DIN VDE 0132 Brandbekämpfung im Bereich elektrischer Anlagen festgelegt. Diese befindet sich zur Zeit in der Überarbeitung. Zum Erkunden und Retten an unter Spannung stehenden Niederspannungs- bzw. Hochspannungsanlagen sind die einzuhaltenden Mindestabstände gemäß DIN VDE 0132 (Fassung 11/89) in (Tabelle 8) dargestellt.

Da es für den Laien nicht zu unterscheiden ist, um welche Spannungen es sich handelt, ist im Bahnbetrieb unbedingt ein *Mindestabstand* von drei Metern von allen unter Spannung stehenden Teilen einzuhalten. Bei Rettungsarbeiten an Oberleitungen elektrischer Bahnen (1 kV bis 25 kV) ist eine Annäherung *bis auf* 1,5 m möglich. Die genannten Sicherheitsabstände dürfen nicht durch technische Einsatzmittel, wie Steckleiterteile, Drehleiterpark, bzw. Einsatzkräfte unterschritten werden. Bei Löscharbeiten sind ebenfalls Schutzabstände einzuhalten (siehe Kapitel 5.2.3.4).

Auf elektrisierten Strecken dürfen Tritte oder ähnliches, die höher als zwei Meter *über* der Schienenoberkante liegen, nicht betreten werden. An diesen Stellen tragen Wagen und Triebfahrzeuge entsprechende Warnschilder (Blitzpfeil).

Tabelle 8: Mindestabstände zu Nieder- bzw. Hochspannungsanlagen

Nennspannung	Annäherung
bis 1 000 V (Niederspannung)	1 m
über 1 bis 110 kV	3 m
bei Rettungsarbeiten	1,5 m

In der Umgebung gerissener und herabgefallener Oberleitungen besteht Lebensgefahr. Zu einer am Boden liegenden Leitung ist daher ein Schutzabstand von mindestens 20 m (E DIN VDE 0132/A1)[7] einzuhalten (Gefahr der Schrittspannung). Besteht die Gefahr der Spannungsverschleppung, da die Oberleitung Kontakt mit anderen elektrischen Leitern, wie Geländer, Zugteile oder Schiene usw. hat, so ist von diesen Teilen ebenfalls ein Abstand von 20 m einzuhalten.

Geländer, Zäune usw., die parallel zur Ober- oder Speiseleitungen führen, sind normalerweise geerdet. Bei einer Unterbrechung dieser Erdung besteht Lebensgefahr aufgrund von durch Induktion verursachte Spannungen, die bis zu mehreren 1 000 V betragen können.

Eine weitere Gefahr besteht bei unterbrochenen Gleisanlagen, wenn sie aufgrund eines Verbrauchers (beispielsweise einer E-Lok) Rückstrom führen. Hier besteht an der Bruchstelle Gefahr durch die anliegende Spannung. Da diese Gefahr für die Einsatzkräfte gar nicht erkennbar ist, muss bei zerstörten Gleis- oder Oberleitungsanlagen immer mit der Gefährdung durch Rückstrom gerechnet werden. Auch hier ist der Gefahrenbereich abzusperren, bis die Oberleitungsanlage ausgeschaltet und bahngeerdet ist.

5.2.3.3 Retten von Stromverunfallten

Wie bereits im Kapitel 4.3 »Oberleitungsanlagen« ausgeführt, gehen von den Hochspannungsanlagen der DB AG besondere Gefah-

---

7 Der vorgeschriebene Abstand wurde in dem Normenentwurf von 10 m auf 20 m erhöht. Dies war notwendig, damit auch bei ungünstigen Bedingungen keine Gefährdung für die Einsatzkräfte vorliegen kann.

ren aus. Da es sich nicht nur um Hoch- sondern auch um Wechselspannung handelt, ist nicht nur von einer thermischen Wirkung auf das Gewebe sondern über die Zeitdauer der Einwirkung auch von einer Beeinflussung der Reizleitung am Herzen auszugehen. Des Weiteren ist durch Einwirkung des elektrischen Stromes eine Verkrampfung der Muskeln zu erwarten, die zu Atemlähmung führen kann.

Je nach Spannungsbereich ist unterschiedlich vorzugehen. Grundsätzlich muss immer dafür gesorgt werden, dass ein Verunfallter so schnell wie möglich von der Spannung getrennt wird. Dies kann in Niederspannungsanlagen, sofern nicht fachmännisch abgeschaltet werden kann, durch Wegziehen des Verunfallten von den unter Spannung stehenden Geräten oder Leitungen geschehen. Dabei ist auf einen gut isolierten Standort (z.B. trockenes Holz oder trockene Kleider) und isolierende Hilfsmittel, wie Gummihandschuhe oder Holzstangen, zu achten. Bei Hochspannungsanlagen muss vor den Rettungsmaßnahmen die Oberleitung ausgeschaltet und geerdet werden.

Brennende Kleidung ist durch völliges Umhüllen oder Zudecken zu löschen, notfalls ist die betreffende Person am Boden zu wälzen. Bei Atemstillstand oder schwacher Atmung sind Wiederbelebungsmaßnahmen durchzuführen. Auch eine Person, die eine Berührung unter Spannung stehender Teile ohne sichtbare Verletzungen überstanden hat, ist sofort in ärztliche Behandlung zu geben.

5.2.3.4 Brandbekämpfung im Bereich elektrischer Anlagen

Durch die Verwendung moderner Werkstoffe, wie Leichtmetalle, Kunststoffe usw., und aufgrund der Betriebsstoffe, wie Dieselkraftstoff oder Tansformator-Isolieröl, ist in Zügen eine relativ hohe

Tabelle 9: Mindestabstände zu unter Spannung stehenden elektrischen Anlagen

Strahlrohr DIN 14365-CM	Niederspannung (N) bis 1000 V	Hochspannung (H) über 1000 V
C-Sprühstrahl	1 m	5 m
C-Vollstrahl	5 m	10 m

Brandlast vorhanden. Zwar gelten für die Baumaterialien die verhältnismäßig hohen Anforderungen der DIN 5510, doch ist im Falle entsprechend langer Brandentwicklungsdauern mit einer großen Brandintensität zu rechnen.

Bezüglich der einzuhaltenden Mindestabstände beim Einsatz vom Löschmittel Wasser gelten entsprechend DIN VDE 0132 die in Tabelle 9 dargestellten Abstände als Richtwerte[8].

Beim Einsatz eines genormten B-Strahlrohres erhöhen sich die Werte um jeweils 10 Meter.

Stehen noch Anlagenteile unter Hochspannung, sind die Löschmittel Schaum, Glutbrand- und Metallbrand-Pulver, wegen ihrer hohen Stromleitfähigkeit nicht einsetzbar. Brennen bereits Leichtmetallaufbauten, darf Wasser, Schaum und ABC-Löschpulver ebenfalls nicht bzw. nur unter großer Vorsicht eingesetzt werden. Können Motoren von Dieselloks nicht mehr ohne weiteres ausgeschaltet werden, um Zünd- oder Bewegungsgefahren zu verhindern, kann der Inhalt eines Kohlendioxid-Löschers in die Ansaugöffnung des Motors geblasen werden und dieser so zum Stillstand gebracht werden.

---

8 Diese Werte können bei genauer Kenntnis der anstehenden Spannung und örtlichen Verhältnisse entsprechend der Tabelle 12 auf Seite 126 verkürzt werden.

Gefährden brennende Fahrzeuge die Oberleitungsanlagen, sollte nach Möglichkeit die Oberleitung unter Einhaltung der erforderlichen Abstände mit Sprühstrahl gekühlt werden, damit ein plötzliches Reißen des vorgespannten Fahrdrahtes und Tragseiles verhindert werden kann. Wenn möglich, sollten brennende Fahrzeuge auf Veranlassung des Einsatzleiters auf unbespannte Nebengleise mit genügend Abstand zu den Oberleitungsanlagen gebracht werden. Einsatzfahrzeuge sind immer so aufzustellen, dass sie beim Reißen von Ober- oder Speiseleitungen nicht getroffen werden können bzw. sich nicht im Spannungstrichter befinden.

Bei Isolierölbränden darf Wasser als Löschmittel nicht eingesetzt werden. Geeignete Löschmittel hierfür sind Kohlendioxid, Löschpulver oder Schaum.

In Tabelle 10 sind die Standardmaßnahmen hinsichtlich der Brandbekämpfung in Zügen zusammengefasst.

Das Fehlen einer ausreichenden Wasserversorgung bereitet bei Zug- oder Bahndammbränden oftmals enorme Schwierigkeiten. Aufgrund der zum Teil hohen Brandlasten von Wagen bzw. Transportgut oder durch Folgebrände an Gebäuden, Bahndämmen oder Straßenfahrzeugen kommt auch eine vorhandene öffentliche Löschwasserversorgung sehr schnell an ihre Grenzen, weshalb frühzeitig an den Aufbau einer Wasserversorgung über lange Wegstrecken gedacht werden muss. Ist die Alarmierung eines Rettungszugs unter Berücksichtigung der zu erwartenden Einsatz- und Anfahrtszeiten einsatztaktisch sinnvoll, können dessen 20 000 l Löschwasser und Pumpen wertvolle Dienste leisten. Auch das Verlasten von Tanklöschfahrzeugen auf sogenannte Flachwagen (Abstand von Dachaufbauten und Antennen zur Oberleitung beachten!) muss in Betracht gezogen werden.

Tabelle 10: Standardmaßnahmen bei Zugbränden

Brennender Personenzug, unbesetzt	Brennender Personenzug, besetzt	Brennender Güterzug ohne primäre Personengefährdung
Brand auf Innenbereich beschränkt: • Oberleitung abschalten und erden lassen. • Zug gegen Wegrollen sichern und stromlos schalten (lassen). • Bei Dieselloks Motor ausschalten. • Innenangriff mit Pulver, Schaum oder Wasser	**Brand auf Innenbereich beschränkt:** • Oberleitung abschalten und erden lassen. • Zug gegen Wegrollen sichern und stromlos schalten (lassen). • Bei Dieselloks Motor abschalten. • Ausgänge sofort – ggf. gewaltsam – öffnen. • Rauchabzugsöffnungen schaffen. • Wenn Selbstretter im Freien, Menschenrettung/Absuchen möglichst von zwei Seiten aus beginnen (Fluchthauben!). • Innenangriff mit Pulver, Schaum oder Wasser	**Brand auf Innenbereich (Ladung) beschränkt:** • Oberleitung abschalten und erden lassen. • Zug gegen Wegrollen sichern und stromlos schalten (lassen). • Bei Dieselloks Motor abschalten. • Ladung identifizieren: stoffspezifischen Löschmitteleinsatz und andere Maßnahmen zur Gefahrenabwehr durchführen.

Tabelle 10: (Fortsetzung)

Brennender Personenzug, unbesetzt	Brennender Personenzug, besetzt	Brennender Güterzug ohne primäre Personengefährdung
Brand mit Beteiligung des Außenbereichs: • Oberleitung sofort kühlen (Sicherheitsabstand), abschalten und erden lassen. • Zug gegen Wegrollen sichern und stromlos schalten (lassen). • Bei Dieselloks Motor abschalten. • Ggf.unbeteiligte Zugteile abkuppeln und wegziehen lassen.	**Brand mit Beteiligung des Außenbereichs:** • Oberleitung sofort kühlen (Sicherheitsabstand), abschalten und erden lassen. • Zug gegen Wegrollen sichern und stromlos schalten (lassen). • Bei Dieselloks Motor abschalten. • Ausgänge sofort – ggf. gewaltsam – öffnen. • Rauchabzugsöffnungen schaffen. • Wenn Selbstretter im Freien, Menschenrettung/Absuchen möglichst von zwei Seiten aus beginnen (Fluchthauben!), dabei ständig Löschangriff von außen weiterführen. • Ggf. unbeteiligte Zugteile abkuppeln und wegziehen lassen.	**Brand mit Beteiligung des Außenbereichs:** • Oberleitung sofort kühlen, abschalten und erden lassen. • Zug gegen Wegrollen sichern und stromlos schalten (lassen). • Bei Dieselloks Motor abschalten. • Ladung identifizieren: stoffspezifischen Lösch-mitteleinsatz und andere Maßnahmen zur Gefahren-abwehr durchführen. • Ggf. unbeteiligte Zugteile abkuppeln und wegziehen lassen.

5.2.3.5 Bahnerden

Können die in der DIN VDE 0132 Brandbekämpfung im Bereich elektrischer Anlagen genannten Abstände nicht eingehalten werden, muss die Oberleitungsanlage freigeschaltet und zusätzlich vor und hinter der Einsatzstelle bahngeerdet werden. Dies ist z.B. der Fall, wenn die Gefahr der Spannungsverschleppung durch gerissene und herabgefallene Oberleitungen auf metallische Teile des Zuges besteht. Bei Einsätzen in Tunnelanlagen muss die Oberleitungsanlage grundsätzlich vor dem Vorgehen der Einsatzkräfte freigeschaltet und geerdet werden.

Befindet sich der Stromabnehmer eines ansonsten ungefährdeten Triebfahrzeuges noch in Kontakt mit der Oberleitung, sollte er mittels des betreffenden Schalters von der Oberleitung getrennt werden. Dies kann auch unter Volllast der im Triebwagen befindlichen Aggregate geschehen, ohne dass ein Lichtbogen zwischen Oberleitung und Stromabnehmer entsteht.

Die Oberleitungen sind durch magnetische Sicherungsautomaten abgesichert. Bei einem Kurzschluss spricht die Sicherung an, und die Spannung wird abgeschaltet. Anschließend wird bei 15 kV ein Prüfstrom von etwa 5 A über einen Prüfwiderstand auf die betroffene Oberleitung gegeben. Nur wenn die gesamte Spannung, also das Produkt aus Prüfstrom und Prüfwiderstand, an diesem abfällt, handelt es sich um einen Kurzschluss. Jetzt erst wird die Oberleitung endgültig freigeschaltet. Es darf daher bei einem Unfall nicht davon ausgegangen werden, dass nach einem sichtbaren oder hörbaren Kurzschlussblitz oder wenn festgestellt wurde, dass beispielsweise gerissene Oberleitungsdrähte den Boden berühren, die Oberleitung spannungslos ist und man sich gefahrlos nähern kann. Nur wenn bahngeerdet wurde, ist sichergestellt, dass für den Einsatzbereich keine Gefahren mehr durch elektrische Spannungen im Fahrleitungssystem bestehen. Durch das Bahnerden werden zum einen eventuell nach dem Freischalten der Oberleitung noch vorhandene Ladungen ausgeglichen, zum anderen wird verhindert, dass in die abgeschaltete Oberleitung Spannungen bis zu 5 000 V aufgrund benachbarter elektromagnetischer Wechselfelder induziert werden.

Bahnerden bedeutet, eine gut leitende Verbindung eines freigeschalteten Anlageteiles mit der Bahnerde herzustellen. Unter Bahnerde ist das Potential der Fahrschiene zu verstehen, über die der Rückstrom von den Triebfahrzeugen und sonstigen an die Oberleitung und Speiseleitung angeschlossenen Verbrauchern zu den Unterwerken zurückfließt. Sämtliche Erdungsleitungen benachbarter, metallischer Gegenstände, wie z.B. auch die Maste, sind an die Fahrschiene angeschlossen. Sie muss für eine zuverlässige Bahnerdung intakt sein. Aufgrund einer Fahrzeugentgleisung unterbrochene Fahrschienen ergeben keine zuverlässige Bahnerdung.

Erdungsvorrichtungen werden von den Notfallmanagern und dem BGS-Bahnpolizei, dessen Beamte im Bahnerden ausgebildet sind, in ihren Fahrzeugen bereitgehalten. Während in den Bahnhofsbereichen Erdungsvorrichtungen vorgehalten werden, ist dies auf den Triebfahrzeugen nicht der Fall. Speiseleitungen dürfen nur von Mitarbeitern des elektrotechnischen Dienstes der DB AG bahngeerdet werden, da die für die Oberleitung verwendeten Erdungsvorrichtungen dafür nicht geeignet sind.

Viele Feuerwehren, die aufgrund ihrer Leistungsfähigkeit dazu in der Lage sind, führen das Bahnerden in eigener Regie durch. Dazu müssen sie von der DB AG (Geschäftsbereich: Netz AG) besonders ausgebildet werden. Im Anschluss an die Ausbildung, die regelmäßig alle zwei Jahre wiederholt werden muss, stellt die DB AG den Feuerwehren Spannungsprüfer und Bahnerdungsvorrichtungen zur Verfügung. Eine wichtige Voraussetzung für das Bahnerden ist, dass die betroffene Oberleitungsanlage freigeschaltet ist. Das Freischalten der betroffenen Oberleitung bzw. Speiseleitung geschieht normalerweise durch die **Ze**ntral**s**chaltstelle (ZES) des jeweiligen Oberleitungsnetzes.

Bevor bahngeerdet werden darf, muss von der Notfallleitstelle die Freischaltung bestätigt werden. Wie schon bei der Gleissperrung (siehe Kapitel 5.2.1) sind zwei grundsätzliche Verfahrensweisen in Abhängigkeit davon, ob der Notfallmanager schon an der Einsatzstelle eingetroffen ist, zu unterscheiden:

- Der Notfallmanager befindet sich *noch auf der Anfahrt:* Die Feuerwehr-Leitstelle fragt bei der Notfallleitstelle ab, ob die Gleissperrung und Abschaltung der Oberleitung durchgeführt wurde. Die Notfallleitstelle bestätigt der Feuerwehr-Leitstelle die Gleissperrung und Abschaltung über Telefax. Die Feuerwehr-Leitstelle gibt diese Information an den Einsatzleiter weiter.
- Der Notfallmanager befindet sich *bereits an der Einsatzstelle:* Der Notfallmanager teilt die erfolgte Gleissperrung und Abschaltung der Oberleitungen unmittelbar dem Einsatzleiter mündlich oder schriftlich mit.

Bei der Meldung durch die Feuerwehr-Leitstelle/Notfallmanager an den Einsatzleiter muss der genaue Ausschaltbereich mitgeteilt werden. Hierzu ist anzumerken, dass die Masten der Oberleitungsanlage alle mit einer fortlaufenden Kilometrierung und Mastnummer ausgestattet sind (Bild 13). Es ist zu empfehlen, dass zwischen der DB AG und den zuständigen Feuerwehren Absprachen getroffen werden, dass Streckenabschnitte immer großzügig freigeschaltet werden. So muss immer der Streckenabschnitt vor und hinter dem betroffenen und bei Bahnhöfen[9] das ganze Areal freigeschaltet werden.

Der Versuch die Oberleitungsanlage zwangsweise durch Herstellen eines Kurzschlusses abzuschalten (»Noterdung«), ist äußerst gefährlich. In der Nähe von Schaltanlagen können Kurzschlussströme von mehr als 25 kA auftreten, *deren physikalische Wirkungen,* wie

- Lichtbogen (verblitzte Augen),
- thermische Effekte, die zum Abschmelzen des Kupfer-Fahrdrahtes führen,
- dynamische Effekte (heftiges Ausschwingen des Kurzschliessseiles),
- akustische Effekte (lauter Knall in der Schaltanlage)

zu schweren Verletzungen führen können.

Grundsätze des Bahnerdens

Prüfung der Spannungsfreiheit, Befestigen der Schienen-Erdungsklemme und der Fahrdraht-Erdungsklemme durch ein und denselben Mann!

1. Überprüfen der Spannungsfreiheit

- Ordnungsgemäßen Zustand des Spannungsprüfers feststellen, Funktionskontrolle durchführen.

[9] Bahnhöfe sind in sogenannte Schaltgruppen unterteilt, die einzeln abgeschaltet werden können. Da dies aber von betriebsfremden Personen nicht nachvollzogen werden kann, müssen das ganze Areal und angrenzende Streckenabschnitte freigeschaltet werden.

Bild 13: Mast-Nummernschild
(oben: Kilometerangabe, unten: Mastnummer)

- Bestätigung über Ausschaltung der Oberleitung einholen (Fahrdienstleiter/ZES).
- Spannungsfreiheit durch Einhängen in die Oberleitung feststellen.
- Beim Feststellen der Spannungsfreiheit durch Tasten mit der Prüfspitze (Taster) darf nur an nicht abbrandgefährdeten Teilen, wie Seitenhaltern, Stützrohren usw., getastet werden. In Bereichen mit Kurzschlussströmen ≥ 25 kA (z.B. Neubaustrecken) muss immer der Spannungsprüfer zur Feststellung der Spannungsfreiheit eingesetzt werden.

2. Bahnerden

- Ordnungsgemäßen Zustand der Erdungseinrichtungen durch Augenschein feststellen.

- Schienen-Erdungsklemme an der Erdungsschiene sicher stromleitend befestigen.
- Fahrdraht-Erdungsklemme am Fahrdraht ordnungsgemäß befestigen. Das Erdungsseil darf beim Einhängen nicht berührt werden.
- Spannungsprüfer vom Fahrdraht abnehmen.
- Es wird *stets* vor *und* nach der Einsatzstelle geerdet.
- Vollzugsmeldung über das Bahnerden an den Notfallmanager/ Einsatzleiter.
- Um vor Beschädigungen durch Straßen- oder Schienenfahrzeugen zu schützen, ist der Ort der Bahnerdung am Gleiskörper deutlich kenntlich zu machen.

3. Entfernen der Erdungseinrichtungen

- Die Aufhebung der Erdung darf ebenso wie die Erdung selbst nur durch Fachpersonal (Notfallmanager, Mitarbeiter der Störungsbereitschaften, Triebfahrzeugführer mit entsprechender Ausbildung, besonders ausgebildete Kräfte der BGS/Bahnpolizei und Feuerwehr) durchgeführt werden.

Bei unübersichtlichen Fahrstromleitungen an mehrgleisigen Strecken, schlechten Sichtverhältnissen, Weichen, Einspeisungen und Trennstellen ist wegen der Gefahren, die mit dem Bahnerden verbunden sind, immer abzuwägen, ob nicht das Eintreffen des Notfallmanagers abzuwarten ist.

Den schon in Kapitel 4.3 erwähnten Stromabnehmersystemen der S-Bahnen Berlins und Hamburgs ist bei einem Unfall schon aufgrund ihrer räumlichen Nähe zum Wirkungsbereich der Einsatzkräfte besonderes Augenmerk zu schenken. Viele Bahnen arbeiten (ähnlich wie Modelleisenbahnen) mit einem Schienenstromsystem, für dessen Erdung und Kurzschließung besondere Regeln des Betreibers gelten. Auch hier ist der Grundsatz zu beachten, daß nur ausgebildetes Personal für derartige Tätigkeiten in Frage kommt.

5.3 Allgemeine Hinweise zur Einsatzabwicklung

Bahnunfälle stellen oftmals einen hohen Anspruch an das Improvisationsvermögen der Einsatzkräfte. Im folgenden sollen einige Möglichkeiten aufgezeigt werden, wie diese besonderen Einsatzsituationen mit herkömmlichen Feuerwehrgeräten gemeistert werden können:

- **Auf- und Abstiegshilfen an Bahndämmen und Trogflanken**

Um die Gefahren durch Umknicken, Stolpern oder Stürzen an den Böschungen von Bahnanlagen zu minimieren, können ein oder mehrere Steckleiterteile oder bei geringen Höhen auch Klappleitern als Aufstiegshilfen verwendet werden. Damit die Leitern beim Begehen nicht wegrutschen, sind sie durch Leinen beispielsweise am Gleiskörper (bei Bahndämmen) oder an Fahrzeugen, Bäumen, Leitplanken (bei Trogflanken) zu sichern. Zusätzliche seitlich gespannte Feuerwehrleinen können das Besteigen dieser »Nottreppen« auch mit einer getragenen Last erheblich sicherer machen (Bild 14).

- **Ausleuchtung von Einsatzstellen**

Bei Nachteinsätzen an Böschungen und Trogflanken, bei denen mit der an den Feuerwehrfahrzeugen angebrachten Einsatzstel-

Bild 14: Auf- und Abstiegshilfen an Bahndämmen und Trogflanken

lenbeleuchtung keine Ausleuchtung zu erreichen ist, kann eine Drehleiter zur Einsatzstellenausleuchtung gute Dienste leisten. Auch hier ist auf die Einhaltung der notwendigen Abstände zu unter Spannung stehenden Oberleitungen zu achten.

Bei der Aufstellung von Beleuchtungsstativen an Böschungen ist darauf zu achten, dass die zur Einsatzstelle aufsteigenden Einsatzkräfte nicht durch die (Halogen)-Scheinwerfer geblendet werden. Ein neues Gerät zur Ausleuchtung von grossflächigen Schadenstellen hat das THW insbesondere für Eisenbahnunfälle z.B. an der Neubaustrecke von Frankfurt nach Köln beschafft. Beim sogenannten »Powermoon« handelt es sich um eine mit Helium gefüllte Ballonhülle (Durchmesser: 5 m), in der sich vier Quecksilberdampf-Lampen, deren gesamte Leistung 16 kW beträgt, befinden. Der Lichtballon wird in circa 30 bis 35 Meter Höhe aufgelassen und hat dann eine sehr gute Ausleuchtung der Einsatzstelle bei geringer Blendwirkung bzw. Schattenbildung.

- **Transport von schwerem Gerät/Aggregaten**

Auch der Tansport von schwerem Gerät oder Aggregaten wird durch Böschungen oder Trogflanken erschwert. Es ist daher auf die Schaffung geeigneter »Transportwege« zu achten. Neben den schon genannten Leitern als Aufstiegshilfe sollten von den Feuerwehren, deren Einsatzgebiet auch derartige Bahnanlagen umfassen, andere geeignete Transportmittel, wie z.B. Rutschbleche, vorgehalten werden.

Für den Transport auf intakten Gleisanlagen sind Schienenrollwagen vorzuhalten. Aufgrund der Erfahrungen, die bei Übungen mit den Schienenrollwagen der Rettungszüge gemacht wurden, sollte darauf geachtet werden, dass diese möglichst leicht sind und in aufrechter Haltung geschoben werden können. Sie sollten weiterhin mit Haltevorrichtungen zur Aufnahme von Handlampen und sogenannten Totmann-Bremsen ausgerüstet sein. Die Transportfläche muss durchgängig sein, damit durchhängende Teile nicht im Gleis schleifen und auch kleinere Teile nicht verloren gehen. Um die Belastung der Einsatzkräfte weiter zu minimieren, sollte der Einsatz motorisierter Schienenrollwagen in Betracht gezogen werden.

Beim Laufen im Gleisbereich besteht zum einen die Stolpergefahr aufgrund der Bahnschwellen, zum anderen kann es im Bereich von automatisch gesteuerten Weichen zu Quetschungen durch bewegliche Weichenteile kommen. Da die Schienenköpfe (Schienenoberkante) sehr glatt sind, besteht hier Rutschgefahr.

Von den Herstellern hydraulischer Rettungsgeräten werden auch schon leichte, nur von einer Person zu tragende Hydraulikpumpen (Gewicht: ab circa 16 kg) angeboten. Die Anschaffung solcher Aggregate ist sicherlich nicht nur für den oftmals schwer zugänglichen Bahnbereich, sondern auch für andere Einsatzsituationen in Verbindung mit den auch immer leichter werdenden Schneidgeräten oder Spreizern zu rechtfertigen.

- **Transport von Verletzten**

Bei Unfällen mit Personenzügen kann es zu einem Massenanfall von Verletzten kommen, für die unter Umständen nicht genügend Krankentragen zur Verfügung stehen. Die nachfolgend beschriebene Technik zur Herstellung einer Behelfskrankentrage aus einem Steckleiterteil und einem B-Schlauch kommt aus dem Bereich des Katastrophenschutzes und kann in einem solchen Fall nützlich sein (Bild 15):

Zwei Helfer nehmen das Steckleiterteil an den Enden und drehen sie an den Holmen um ihre Längsachse. Ein weiterer Helfer wickelt einen B-Schlauch möglichst gleichmäßig um die sich drehende Leiter bis eine ebene Liegefläche entstanden ist. Das

Bild 15: Behelfstrage aus Steckleiterteil

Schlauchende wird wie bei einer Haspel eingelegt und festgezogen. Der Patient wird mit einer Feuerwehrleine (Halbschlägen) gesichert.

Bei steilen Böschungen, Dämmen oder Trogflanken sind im Sinne einer patientengerechten Rettung sogenannte Schleifkorbtragen (»Rettungswannen«) besser geeignet als die nach DIN 13024 genormten Krankentragen. Diese besitzen am gesamten Korbrand Tragegriffe, die ein variables Greifen der Wannentrage ermöglichen. Die Korbtragen können auch auf den schon aufgeführten Steckleiterteilen hochgezogen bzw. abgelassen werden. Dazu werden sie von einem Helfer geführt, der auch die Patientenbetreuung übernehmen kann.

Im Innern von Personenwagen ist der Transport von Verletzten mit den schon genannten Krankentragen aufgrund der Enge zwischen den Sitzreihen nur schwer bzw. oft gar nicht möglich. Aus diesem Grund sollten hier die schmäleren Schaufeltragen zum Einsatz kommen. Diese können bei Bedarf im Außenbereich bzw., wenn Personen liegend durch nachträglich geschaffene Öffnungen ins Freie gebracht werden müssen, auch in die Schleifkorbtragen gelegt werden. Diese sind wegen ihrer Knicksteifigkeit und dem besonders guten Schutz gegen vorstehende Blechteile oder Glasscherben zumindest für den Transport durch die Rettungsöffnung eine sinnvolle Ergänzung zu den bereits angeführten Schaufeltragen. Die schon erwähnten Notausstiegsfenster beim ICE sind aufgrund ihrer geringen Breite von 60 cm für den Verletztentransport nur bedingt geeignet.

- **Verlegen von Schlauch- und Stromleitungen**

Besonders im Bereich mehrgleisiger Einsatzstellen kann es notwendig werden, nach erfolgter Durchführung eines Erstangriffes Schlauch- oder Stromleitungen so zu verlegen, dass ein weiterer Rangier- oder auch Transitverkehr auf nicht betroffenen und wieder freigegebenen Gleisen möglich ist. Hierzu kann bei im Schotterbett verlegten Schienen die Schotterauffüllung unter den Schienen ausgegraben und die entsprechende Leitung unter den Schienen durchgezogen werden (Bild 16). Werden mehrere Schwellenfächer benötigt, darf nur jedes zweite Schwellenfach freigemacht werden (Gefahr der Schienensenkung/-verwerfung). Schlauchleitungen sollten beispielsweise mit einem Strahlrohr verschlossen werden, um das Eindringen von Steinen beim Durchschieben zu verhindern.

Von der Positionierung von Hydraulikaggregaten im Zug ist wegen der Enge der Durchgänge unbedingt abzuraten. Wesentlich sinnvoller ist es, hydraulisch betriebene Rettungsgeräte durch die jeweiligen Abteilfenster oder neu geschaffenden Zugangsöffnungen hereinzureichen.

Bild 16: Verlegen von Schlauch- und Stromleitungen

- **Vornahme von Rettungsgeräten**

Wegen der großen Höhen an den Fahrzeugen müssen Leitern, in der Regel Steckleiterteile, eingesetzt werden. So beträgt z.B. der Abstand zwischen Schienenoberkante und Fußboden eines Reisezugwagens etwa 1,2 m. Dies hat zur Folge, dass beispielsweise Schneidgeräte nur von einer Person vorgenommen werden können. Befindet sich der Schadenort im Straßenbereich bzw. ist ein ebener Untergrund vorhanden, so können Arbeitsplattformen/-bühnen, die auch für den Einsatz bei verunglückten Lkw eingesetzt werden, sehr hilfreich sein. Solche Geräte werden von verschiedenen Herstellern schon in handlichen Formaten angeboten und sind bei der Vornahme von schwerem Rettungsgerät, wie Spreizer, in Bezug auf Belastungsminderung und Unfallverhütung im Vergleich zu den zuerst genannten Leiterteilen als positiv zu bewerten. Ist das Instellungbringen einer DLK möglich, kann deren Korb ähnlich gute Dienste leisten.

5.4 Technische Hilfeleistung

Wegen der großen Fahrzeugmassen und Materialstärken bei Bahnfahrzeugen stößt die technische Hilfeleistung schnell an die Grenzen der Leistungsfähigkeit üblicher Feuerwehrgeräte.

Selbst Sicherungsmaßnahmen zur Stabilisierung der Lage sind häufig nur unter Hinzuziehung von speziellen Bahnfahrzeugen wie Schienenkränen und Hilfszügen durchführbar (siehe Kapitel 3.1.2). Nur Fahrzeuge kleinerer und mittlerer Größe, wie S-Bahnen, Schienenbusse, kleine Triebfahrzeuge usw., können in der Regel mit Feuerwehreinsatzgerät angehoben werden.

5.4.1 Eindringen in Züge

Durch die große Baureihenvielfalt der im innerdeutschen Verkehr eingesetzten schienengebundenen Verkehrsmittel ist eine Standardisierung der zum Eindringen in Züge erforderlichen Maßnahmen nicht möglich. Von der DB AG werden entsprechend der Vereinbarung mit den Ländern sogenannte *Einsatzmerkblätter* erstellt. Diese enthalten Informationen über

- allgemeinen Aufbau der verschiedenen Fahrzeugtypen (Gewicht, Sitzplätze usw.),

- Rettungs- und Versorgungsöffnungen,
- Gefahrenschwerpunkte durch elektrischen Strom, Betriebsmittel (Flüssigkeiten, Gase) und Brennbarkeit der Materialien.

Bei Redaktionsschluss war die Erstellung der Einsatzmerkblätter noch nicht abgeschlossen. Es ist geplant, diese ebenso wie die in Kapitel 5.1.2 genannten Karten den Aufgabenträgern des Brand- und Katastrophenschutzes zukommen zu lassen.

Soweit noch begehbar, sollten die normalen Zugangsöffnungen benutzt werden. Zu diesem Zweck führen die Notfallmanager eine Auswahl gängiger Schlüssel und Schließhilfen mit. Eine sehr weit verbreitete Schlüsselform ist der sogenannte Kreuzbartschlüssel und der Vierkantschlüssel, der für viele Innentüren, Innenverriegelungen und Staufächer verwendet wird. Es ist hierbei zu beachten, dass viele Schließungen entgegen der gewohnten Drehrichtung funktionieren.

Die Wagenfenster lassen sich mit Ausnahme der ICE-Scheiben in der Regel gut mit den bei der Feuerwehr vorgehaltenen Einsatzgeräten bearbeiten. Vor dem Hintergrund der Erfahrungen mit den ICE-Scheiben in Eschede wurden in den letzten Jahren verstärkt Versuche mit verschiedenen Sägen an Bahnfahrzeugen durchgeführt, um deren Eignung für dieses besondere Einsatzspektrum festzustellen. Zum Sichern gegen Herabfallen von herausgetrennten Scheiben eignen sich Vakuumheber, die auch vom glasverarbeitenden Gewerbe benutzt werden (siehe auch Kapitel 5.4.1.1). Bei Reisezugwagen sollte möglichst auf der Flurseite mit dem Herstellen von Öffnungen begonnen werden. Notausstiegsfenster in klimatisierten Wagen[10] (nicht ICE) haben im Gummiklemmrah-

---

[10] Diese sind nur im Notfall zu öffnen.

men einen Griff zum Herausschälen der Scheiben (Wageninnenraum). Eine scharnierartige Aufhängung der Scheiben verhindert das Herunterfallen der Scheibeneinheit.

Grundsätzlich sollten Arbeiten, die zu einer Belastung der zu rettenden Personen führen können, nur nach einer entsprechenden Risikoabwägung eingeleitet werden. Dies gilt im besonderen Maße für alle Tätigkeiten, bei denen Funkenflug, Glas- oder Metallsplitter erzeugt werden können. Es sind daher stets die Sekundärgefahren zu beachten.

Der Brandschutz muss bei feuergefährlichen Rettungsarbeiten beispielsweise durch Wasser (C-Rohr) oder Pulver (Feuerlöscher) gewährleistet sein. Beim Eindringen in Wände oder Dächer muss wegen der brennbaren Einbauten das vorsorgliche Benetzen mit Wasser durch den Trennspalt hindurch erwogen werden.

5.4.1.1 Schaffen von Zugangsöffnungen beim ICE

Die normalen Zugänge zu einem ICE bestehen durch die Türen der Mittelwagen bzw. die Maschinenraumtüren der Triebköpfe[11]. Laut Betriebsanweisung der DB AG dürfen die Türen des Maschinenraums eines besetzten Triebkopfes nicht verriegelt sein. Ein Zutritt zum Führerraum ist somit über den Maschinenraum möglich. Um vom Triebkopf in den ersten Mittelwagen zu gelangen, wird jedoch ein Vierkantschlüssel der DB AG zum Entriegeln der Glasschiebetür des ersten Mittelwagens benötigt.

Entscheidend für das weitere Vorgehen ist es, zu wissen, dass alle Außentüren der Mittelwagen (Schwenkschiebetüren) während der Fahrt verriegelt sind. Das Öffnen einer verriegelten und

[11] Nur ICE 1/ICE 2.

vielleicht noch mechanisch beschädigten Tür mit technischem Gerät erscheint aufgrund der massiven Verschlusstechnik weitgehend aussichtslos.

Die Türen können nur geöffnet werden, wenn der Triebfahrzeugführer die Türverriegelung freigegeben hat oder die Türen durch das Zugpersonal entriegelt bzw. die Notentriegelung von innen beispielsweise durch Reisende betätigt wurde. Ist die Batteriestromversorgung eines Mittelwagens ausgeschaltet (z.B. der Batteriestecker gezogen, siehe auch Kapitel 5.2.2.1) oder die Druckluftversorgung ausgefallen, können die Türen manuell von außen (roter Hebel zur Notentriegelung, Bild 17) geöffnet werden. Wegen der großen Einstiegshöhe, die auf freier Strecke ohne Bahnsteig am Trittbrett rund 1,20 m beträgt, ist es ratsam, bereits zur Ersterkundung ein Steckleiterteil vorzunehmen. Mit Hilfe des Steckleiterteils kann man dann zur besseren Einschätzung der Lage auch von außen einen Blick in die ansonsten zu hoch gelegenen Wagenfenster werfen.

Sollte sich eine Schwenkschiebetür nicht entsprechend der oben beschriebenen Vorgehensweise öffnen lassen, so bleibt noch die Möglichkeit, die ovale Scheibe in der Tür (Notausstiegsfenster) einzuschlagen. Die Notausstiegsfenster in den Wagentüren sind aus bruchfähigem Glas gefertigt und können zur Schaffung einer Zugangsöffnung mit der Feuerwehraxt o.ä. eingeschlagen werden. Ist es im Zuge der weiteren Rettungsarbeiten möglich, diese Scheiben von innen zu entfernen, können sie nach Herausziehen des Dichtgummis als Ganzes enfernt werden. Das Dichtgummi ist dafür eigens mit einer Grifflippe versehen. Bei älteren ICE-Zügen sind die Dichtgummis oftmals porös, so dass die Grifflippe reißt. Gegen Herabfallen sind die Notausstiegsfenster durch eine Auffangeinrichtung gesichert.

Bild 17: Roter Hebel zur Notentriegelung (außen)

Man kann dann je nach Schadenszenario über ein Steckleiterteil durch die freie Fensteröffnung einsteigen, anschließend die Scheibe des innenliegenden Nottasters einschlagen, den Nottaster drücken und den darunterliegenden Notgriff ziehen. Die Tür kann dann vom Vorraum aus von Hand aufgeschoben werden. Weitere Türen können dann von innen über die Nottaster und -griffe entriegelt werden. Die Wagenabteile können vom Vorraum aus durch die Glasschiebetüren betreten werden, die bei vorhandener Batteriespannung automatisch öffnen, ansonsten von Hand geöffnet werden können.

Um mit technischem Gerät eine Zugangsöffnung zu einem beschädigten ICE zu schaffen, eignen sich außer den schon genannten Notausstiegsfenstern folgende Angriffspunkte:

- **Faltenbalg an den Kuppelstellen der Wagen (Doppelwellenbalg)**

Im Bereich des Faltenbalgs an den Kuppelstellen der Wagen besteht eine weitere Möglichkeit zur Schaffung einer Erstzugriffs- bzw. Erkundungsöffnung. Diese zieharmonikaartig ausgebildete Übergangsstelle weist in ihrer Mitte zwei metallene Verbindungsleisten auf, die wiederum von einem Verschlussmechanismus zusammengehalten werden, der sich hinter einem Reißverschluss befindet. Nach Öffnen der Kunststoffhaut von außen (seitlich neben den Metallleisten etwa auf halber Höhe mit einem Messer) kann der Faltenbalg durch Betätigung eines innenliegenden Hebels geöffnet werden (Bild 18). Hierfür eigenen sich die oftmals bei der Feuerwehr vorgehaltenden Gurt- und Kappmesser. Um den Verspannungswiderstand zu mindern, sollte auf beiden Seiten der Übergangsstelle vorgegangen werden. Wegen der inneren Bodenbleche muß die Öffnung anschließend mit einer Verstrebung, z.B. Spreizer oder Rüstholz, aufgedrückt und offen gehalten werden. Bei den ICE-Zügen der 3. Generation (ICE 3, ICE-T) werden die Versorgungskabel nicht mehr an der Kupplung sondern seitlich am Faltenbalg geführt. Beim ICE-T erfolgt auch die Spannungsversorgung für die Fahrmotoren oberhalb des Faltenbalgs.

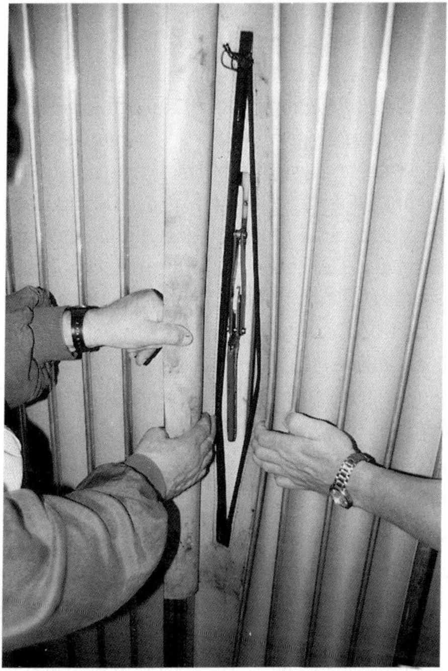

Bild 18: Hebel zum Öffnen des Faltenbalgs beim ICE

- **Wagenfenster**

Das Eindringen über die mechanisch äußerst widerstandsfähigen Seitenfenster (Vierscheiben-Sicherheitsglas) der Mittelwagen bereitet mit herkömmlichen Geräten, wie Beil oder Blechaufreißer enorme Schwierigkeiten. Mit der Feuerwehraxt lassen sich zwar Zugangsöffnungen im Bereich der Scheiben schaffen, wobei aber mit einer starken Splitterwirkung zu rechnen ist. Versuche ergaben, dass sich mit Steintrennscheiben bestückte Trennschleifer für diese Arbeiten gut eignen. Elektrotrennschleifer (180 mm Steinscheibe) benötigen für eine Öffnung von 80 × 60 cm², geeignet für das Durchreichen einer Trage, ungefähr 1½ Trennscheiben. Trennschleifer mit Verbrennungsmotor schaffen dieses Maß mit weniger als einer kompletten Scheibe, da hier der Durchmesser der Scheibe größer ist. Es ist zu beachten, dass die Einsatzkräfte hierbei mit ausreichendem Gesichtsschutz, d.h. zusätzliche Staubschutzmaske, ausgerüstet sein müssen, um der Gefährdung durch glühende Glaspartikel und -staub Rechnung zu tragen. Auf das Niederschlagen des anfallenden Glasstaubes und Kühlen der Scheiben sollte wegen der Gefahr, dass die Trennscheiben ebenfalls feucht werden, verzichtet werden.

- **Wagenwände/-dächer**

Lediglich im Bereich unter den Scheiben und der Dachhaut ist ein Öffnen der Wagenaußenwand mit Hilfe von Aluminiumtrennscheiben möglich. Um ausreichende Schnitttiefen zu erreichen, sollten nur Trennschleifer mit 300 mm-Trennscheiben verwendet werden. Die Bereiche zwischen den Scheiben sind durch das Vorhandensein vertikaler Trägerelemente für einen Eindringversuch kaum geeignet. Beim ICE 3 und ICE T befinden sich in den Wandbereichen Versorgungsleitungen und Kabeltrassen, so dass diese Bereiche nicht als Angriffspunkte zum Schaffen von Zugangsöffnungen geeignet sind.

In Tabelle 11 ist eine Auswahl der möglichen Zugangswege und Vorgehensweisen/Hilfsmittel aufgeführt.

Tabelle 11: Mögliche Zugangswege und Vorgehensweisen/Hilfsmittel

Bauteil	gut geeignet	gegeeignet	ungeeignet
Fenster	Motor- oder Elektrotrennschleifer mit Steintrennscheibe bei Verbundglasscheiben	Feuerwehraxt, Glassäge „Glasmaster“ o. ä., Motorsäge mit Spezialkette, Säbelsäge mit Universalblatt, Zwillingssäge	Spreizer zum Aufreißen bzw. Beil
Seitenwände	Motortrennschleifer mit Aluminiumtrennscheibe großen Durchmessers. Wegen brennbarer Einbauten auf Brandgefahr durch Funken achten!	Motorsäge mit Spezialkette, Säbelsäge mit Universalblatt, Zwillingssäge	Spreizer, Schneidgerät etc. (z. T. große Materialdicken und fehlende Ansatzpunkte)
Faltenbalg	Trennschleifer zum Durchtrennen der beschädigten Verriegelung, Messer (bei intakter Verriegelung). Hilfsmittel zum Offenhalten erforderlich	Spreizer, Schneidgerät. Hilfsmittel zum Offenhalten erforderlich	Axt, Beil etc.

5.4.2 Anheben von Fahrzeugen zur Personenrettung

Sollen Schienenfahrzeuge angehoben werden, ist zunächst ein Festbremsen durch Hand- oder Federspeicherbremse und Sichern gegen Wegrollen die dringendste Einsatztätigkeit. Je nach Zustand der Oberleitung sind zumindest die Stromabnehmer abzusenken, um ein Stromlosschalten des Zuges zu erreichen. Bei anderen Stromführungssystemen ist durch vergleichbare Maßnahmen eine Trennung des Fahrmotors von der Antriebsenergie durchzuführen. Dieselmotoren sind auszuschalten. Bei beschädigter oder gar herabhängender Oberleitung/Stromzuführung ist auch unter dem Eindruck der Dringlichkeit der Menschenrettung unbedingt die Abschaltung und Erdung vor dem Beginn der Rettungsmaßnahmen zu veranlassen.

Die zum Anheben der Schienenfahrzeuge geeigneten Ansatzpunkte für Hebegeräte sind in der Regel im unteren Fahrzeugbereich, wie z.B. Drehgestelle und Rahmenteile (Bild 19). Sie sind durch entsprechende Symbole gekennzeichnet. Wegen der Gefahr einer möglichen Destabilisierung des Fahrzeuges sollte der Anhebevorgang auf einzelne Drehgestelle/Achsen beschränkt bleiben.

Ein wesentlicher Unsicherheitsfaktor beim Anheben von Fahrzeugen bilden die verschiedenen Federungen und Federwege an Achsen, Drehgestellen und Fahrzeugrahmen. Sind durch den Unfallhergang Seitenspannungen vorhanden oder steht das Fahrzeug in einer Kurve, kann es nach dem Anheben des Rad-Spurkranzes über die Schienenkante hinaus zum ruckartigen Verspringen oder Verdrehen des Drehgestells/der Achse und so zur Gefährdung der Einsatzkräfte kommen. Wegen der Schräglage des Gleisbettes zur Kurvenmitte hin müssen Drehgestelle oder ganze Fahrzeuge beim

Bild 19: Anhebepunkt an einem S-Bahnwagen

Anheben ausreichend beispielsweise durch Seile seitlich gesichert werden. Je nach Unfallhergang oder Bauweise besteht beim Anheben ferner die Gefahr eines Lösens des Drehgestells vom Fahrzeug. Je direkter der Kraftangriff zur betreffenden Achse erfolgt, umso geringer ist die Gefahr, Hebewege durch Federung zu verschenken und Seitenkräften ausgesetzt zu werden.

6 Einsatzszenarien

Je nach Art des Unfalles (Zusammenstöße, Entgleisungen usw.) und unter Berücksichtigung der Topographie bzw. Streckenführung wird der Unfallverlauf und damit das Vorgehen der Einsatzkräfte an der Einsatzstelle unterschiedlich sein. Für das Schadenausmaß ist das Verhalten der entgleisenden Fahrzeuge entscheidend. Einfache Entgleisungen, bei denen die Schienenfahrzeuge nicht umstürzen, verursachen meist nur geringen Schaden. Umgekippte Fahrzeuge sind dagegen schon eine Stufe höher zu bewerten. Schwere Zerstörungen erfolgen, wenn sich Fahrzeuge quer stellen und nachfolgende Zugteile dagegen laufen. Hier ist ein ähnlicher Unfallablauf wie beim Zusammenstoß zweier Züge zu erwarten. So kommt es oftmals zu einem Zusammendrücken einzelner Fahrzeuge bis auf $1/5$ der ursprünglichen Länge von circa 27 m. Ebenfalls große Schäden werden durch Kollisionen mit festen Bauwerken, wie Signal- oder Fahrleitungsfundamenten oder Brückenpfeilern, verursacht, da durch sie die Fahrzeuge aufgerissen und teilweise zerfetzt werden.

Unfallstellen erstrecken sich aufgrund der Länge der Züge räumlich oft über mehrere hundert Meter. Des weiteren kann es bei einem Zugunglück auch vorkommen, dass der Zugverband auseinandergerissen wurde (Zugtrennung an der Kuppelstelle) und die Zugteile sehr weit auseinanderliegen. Es handelt sich dann um mehrere Schadenorte, wodurch die Rettungsarbeiten zusätzlich erschwert werden. Aufgrund dieser großen räumlichen Ausdehnung und damit schwierigen Erkundungsbedingungen sollte von den zuerst eingetroffenen Führungskräften die Nachforderung einer Drehleiter in Betracht gezogen werden. Hubschrauber des BGS usw. können hier wertvolle Hilfe leisten.

Zur Darstellung der Schadenlage bzw. Benennung der Wagen müssen die Fahrzeuge eindeutig gekennzeichnet werden. Dafür kann die an den Fahrzeugen angebrachte Wagennummer verwendet, oder schneller und übersichtlicher selbst eine Beschriftung vorgenommen werden. Handelsübliche Leuchtsprays sind hier am besten geeignet. Die Fahrzeuge sind immer zweistellig (beispielsweise 01–99) zu markieren. Es dürfen dabei keine Aufschriften an den Fahrzeugen überdeckt werden.

6.1 Schadenszenarien bei Reisezügen

Sind Personenzüge betroffen, ist mit einer großen Zahl von Verletzten (Massenanfall von Verletzten) und Toten zu rechnen. Außer den Verletzten sind auch die unverletzt gebliebenen Reisenden gezielt zu betreuen. Sie sind in jedem Fall aus dem gefährlichen Gleisbereich herauszuführen und dem Rettungsdienst zu übergeben. So waren bei einem Zugunglück in der Nähe Londons die meisten Toten und Verletzten deshalb zu beklagen, weil sie in den Nachbargleisbereich flüchteten und dort von einem Gegenzug überfahren wurden. Neben dem Absuchen aller Fahrzeuge muss auch die Umgebung nach eventuell umherirrenden Verletzten abgesucht werden, da nicht auszuschließen ist, dass unter

Schock stehende Personen sich unkontrolliert vom Unfallort entfernt haben.

In der nachfolgenden Aufstellung sind verschiedene Schadenkategorien bei Reisezügen aufgeführt, wobei die Abstufungen der Kategorien keinen Anspruch auf Vollständigkeit erheben. Die *Schadenkategorien 1 bis 5* sollen anhand des Meldebildes eine grobe Einschätzung des Schadenausmasses und -art geben.

- **Kategorie 1**

– einfache Entgleisug einer Achse/Drehgestells eines Reisezugwagens;
– Zusammenprall mit anderen Schienenfahrzeugen bei Rangierarbeiten;
– Unfallgeschwindigkeiten < 30 km/h;
– Zusammenprall mit Strassenfahrzeugen;
– Unfälle nur mit Güterzügen oder anderen Leerreisezügen.

Ausmassabschätzung: circa ein bis zehn Verletzte, eventuell eingeklemmte Personen, eventuell Tote.

- **Kategorie 2**

– mindestens ein Reisezugwagen mit allen Achsen entgleist;
– mindestens ein Reisezugwagen mit mittelschwer demolierter Aussenhaut;
– mindestens ein Reisezugwagen ist umgestürzt;
– mindestens ein Reisezugwagen ist gegen Hindernis geprallt;
– Unfallgeschwindigkeit 30–60 km/h.

Ausmassabschätzung: circa zehn bis zwanzig Verletzte, eingeklemmte Personen, Tote.

- **Kategorie 3**
- mindestens ein Reisezugewagen ist stark deformiert, teleskopiert und/oder verkeilt;
- bis zu drei Reisezugewagen oder ein Doppelstockwagen sind mit allen Achsen entgleist;
- mindestens ein Reisezugwagen ist um um- bzw. abgestürzt
- Anprallen auf ein festes Hindernis;
- Zusammenprall mit anderen Schienenfahrzeugen bei Rangierarbeiten;
- Unfallgeschwindigkeiten 60–120 km/h;
- Zusammenprall mit Strassenfahrzeugen.

Ausmassabschätzung: circa 20 bis 60 Verletzte, mehrere eingeklemmte Personen, mehrere Tote.

- **Kategorie 4**
- mehr als zwei Doppelstockwagen mit stark beschädigter Aussenhülle;
- mehr als drei Reisezugwagen wurden stark beschädigt und teleskopiert;
- mehr als drei Reisezugwagen sind mit allen Achsen entgleist;
- Unfallgeschwindigkeiten bis zu 120 km/h.

Ausmassabschätzung: bis zu 100 Verletzte, viele eingeklemmte Personen, viele Tote.

- **Kategorie 5**
- mehr als drei Reisezugwagen sind umgestürzt;
- starke Zerstörung der Aussenhülle von mehr als drei Reisezugwagen;
- Aufprallen auf festes Hindernis von mehr als drei Reisezugwagen;

- gilt für alle Reisezüge über 160 km/h Unfallgeschwindigkeit (InterRegio, IR, D, IC, EC, alle ICE-Bauformen) und beim Zusammenprall von zwei Doppelstockzügen > 120 km/h in der Hauptverkehrszeit.

Ausmassabschätzung: mehrere hundert Verletzte, sehr viele eingeklemmte Personen, sehr viele Tote.

Die je nach Schadenausmaß zu treffenden Maßnahmen sind in den vorherigen Kapiteln beschrieben. Dabei ist zu beachten, dass jeder Schienenunfall individuell verläuft und von vielen Faktoren, wie beispielsweise Fahrzeugart, Geschwindigkeit, Zuglänge und -gewicht, abhängig ist. Die Verkehrszeiten spielen beim Schadenausmaß ebenfalls eine erhebliche Rolle, da die Anzahl der Passagiere wie schon erwähnt stark von Wochentag und Tageszeit abhängt. So ist im Fernverkehr während der Wochenenden (Freitagmorgen 6.00 Uhr bis Montagabend 21.00 Uhr) sowie vor und nach Feiertagen mit großen Fahrgastzahlen zu rechnen. Im Fern- und Nahverkehr gilt dies für die Zeiten des Berufsverkehrs.

Wenn man davon ausgeht, dass immer soweit möglich von beiden Seiten über die Eingangstüren vorgegangen werden sollte, kann man den Personalbedarf pro Wagen mit einer Zugstärke angeben. Je eine Gruppe arbeitet sich zur Wagenmitte hin. Dies hat zur Folge, dass frühzeitig an die Nachalarmierung weiterer Kräfte gedacht werden muss.

6.2 Gefahrgut-/Umweltsschutzeinsatz

Auf den Gleisanlagen der DB AG werden auch gefährliche Güter transportiert. Die Beförderung richtet sich in der Bundesrepublik Deutschland nach der Verordnung über die innerstaatliche und grenzüberschreitende Beförderung gefährlicher Güter mit Eisenbahnen – **G**efahr**g**ut**v**erordnung **E**isenbahn (GGVE).

Die Bestimmung des Transportes mit der Eisenbahn stimmen weitgehend mit denen des Transportes auf der Straße überein. Der wesentliche Unterschied für die Einsatztaktik der Feuerwehren besteht in den schon genannten Besonderheiten der Bahnanlagen und in den transportierten Mengen.

Im folgenden wird vorwiegend auf die Problematik der großen Transportmengen eingegangen. Andere wichtige Maßnahmen, wie der Meßeinsatz oder die Warnung der Bevölkerung, die Teil der Gefahrenabwehr im Gefahrguteinsatz sind, sollen hier nicht erörtert werden, da sie nicht spezifisch für die Besonderheiten der Bahnanlagen der DB AG sind.

Auf den Rangierbahnhöfen werden die Züge entsprechend dem späteren Zielort zusammengestellt. Aufgrund dieser Tatsache gibt es keine Bereiche, die speziell für Gefahrgutwagen ausgelegt sind. Manche Bahnhöfe sind mit Auffangbecken ausgestattet, so dass ausgetretenes Gefahrgut, wie z.B. Mineralöl, nicht direkt in die Kanalisation gelangt. Aufgrund der Rangierarbeiten kann es zu Kollisionen und damit Beschädigungen an den Wagen kommen. Der Großteil der Gefahrguteinsätze ist daher auf mögliche Lecks oder Undichtigkeiten von Armaturen der Kesselwagen bzw. auf Beschädigung von Verpackungen von Stückgütern zurückzuführen. Um entsprechende Auffangkapazitäten zur Verfügung zu haben, besteht hier eventuell die Möglichkeit, leere Kesselwagen, in die das Gefahrgut umgepumpt werden kann, heranzuziehen. Stehen diese nicht zur Verfügung, so besteht als Erstmaßnahme die Möglichkeit, das jeweilige Medium beispielsweise in einem Faltbehälter aufzufangen und dann wieder in den beschädigten Kesselwagen zurückzupumpen. In jedem Fall sollte überprüft werden, ob die Armatur oder das Leck des Kesselwagens mittels Keilen oder Dichtkissen abgedichtet werden kann.

Besteht Explosionsgefahr durch freiwerdende Gase oder Dämpfe, müssen die entsprechenden Kesselwagen unter Umständen aus dem Bereich der Oberleitungsanlage gezogen werden, da beim Schalten oder Bahnerden ein Lichtbogen entstehen kann, der zum Zünden des explosiblen Gemisches führt.

Im Gegensatz zu den Einsätzen auf der Straße ist es auf dem Gleisbett nicht möglich, auslaufende Flüssigkeiten durch das Eingrenzen mit Sand oder Bindemitteln aufzufangen. Eine ausgetretene Flüssigkeit wird sofort im Schotterbelag versickern. Um den Bahndamm vor Unterspülungen und Durchweichungen zu schützen, werden bei seinem Bau höher verdichtete Schichten angelegt, die das durch die Schotterschicht gesickerte Regenwasser nach außen bzw. in die Kanalisation leiten sollen. Problematisch ist, dass auch alle flüssigen Gefahrgüter diesen Weg nehmen. Um dies zu verhindern, müssen die Einsatzkräfte im Bereich des Gleisbett mit Planen, Wannen, Faltbecken oder provisorischen Steckleiterbecken zum Auffangen flüssiger Gefahrgüter einsetzen. Hier ist auf die entsprechende Beständigkeit zu achten.

Fast alle Schienenstrecken verfügen über Kabelkanäle, in denen parallel zur Strecke Signalkabel in lose abgedeckten Beton-

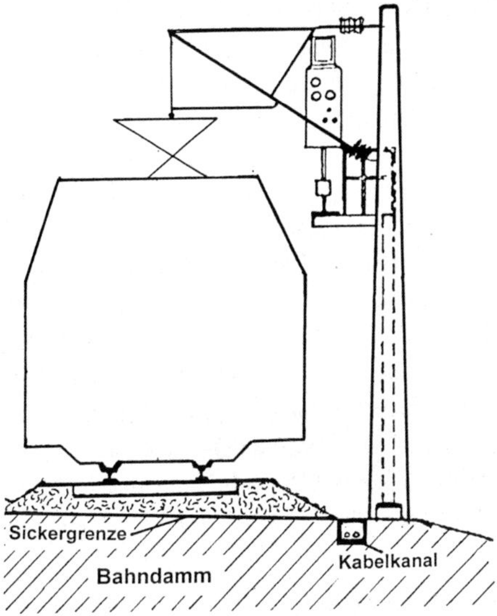

Bild 20:
Schnitt durch Bahndamm

schächten vor mechanischen Einflüssen geschützt verlegt sind (Bild 20). Gelangt nun ein flüssiger Gefahrstoff in diese Kabelkanäle, kann es zu einer unerkannten Ausbreitung führen. Insbesondere dann, wenn die Deckplatten durch Unfalleinwirkung abgehoben wurden. Im Falle eines Gefahrgutaustrittes sind diese Kanäle daher beispielsweise mit Erde abzuschotten.

Da auf Rangierbahnhöfen sehr viele unterschiedliche Güter umgeschlagen werden, sollten an verschiedenen Stellen ihres Areals Sonderlöschmittel, wie alkoholbeständiges Schaummittel, in größeren Mengen vorgehalten werden. Aufgrund der großen Transportmengen ist die Einsatzdauer und die Menge des oftmals benötigten Sonderlöschmittels erheblich. Hier muss zu einem frühen Zeitpunkt an eine Nachalarmierung weiterer Kräfte und Einsatzmittel gedacht werden. So kann für die Aufnahme von großen Mengen ein geeigneter Tanklastzug eingesetzt werden.

Ein besonderes Problem sind Schienenunfälle mit Gefahrstoffzügen innerhalb von bewohnten Gebieten. Hier ist noch einmal der Fall Schönebeck zu nennen. Aufgrund der großen Mengen und der vielfältigen Gefahren, wie Brandgefahren oder Atemgifte, werden sich die Maßnahmen der zuerst eintreffenden Feuerwehren immer nur auf die Menschenrettung und den Versuch, eine Schadenausbreitung zu verhindern, beschränken. Für den weiteren Einsatzverlauf wird es sehr wichtig sein, zu einem frühen Zeitpunkt weitere bzw. speziell ausgebildete Kräfte und Einsatzmittel, wie sie z.B. das TUIS (= **T**ransport-**U**nfall-**I**nformations- und Hilfeleistungs**s**ystem) der chemischen Industrie vorhält, anzufordern.

6.2.1 Kennzeichnung der Wagen

Eine der wichtigsten Voraussetzungen für das Einleiten erster Maßnahmen ist die Erkundung, um welchen Stoff es sich im Zusammenhang mit einem Gefahrgutunfall handelt. Zur Kennzeichnung der Gefahr, die von einem Transportgut ausgeht, sind an den Wagen, Kesselwagen und Tankcontainern auf beiden Seiten Gefahrzettel anzubringen, soweit dies in den Beförderungsvorschriften der jeweiligen Klasse vorgeschrieben ist. Zusätzlich zu dieser Kennzeichnung müssen Kesselwagen und Tankcontainer sowie Wagen für Güter in loser Schüttung an beiden Längsseiten noch mit einer orangefarbenen Warntafel mit Kennzeichnungsnummern versehen werden. Dies gilt auch für leere, aber noch ungereinigte Kesselwagen und Tankcontainer. Die Kennzeichnung aufgrund der GGVE stimmt weitgehend mit der Kennzeichnung aufgrund der **G**efahr**g**ut**v**erordnung **S**traße (GGVS) überein. Es gibt im Eisenbahnbereich aber *zwei zusätzliche Gefahrzettel:*

- *Gefahrgutzettel Nr. 13* (rotes Dreieck mit schwarzem Ausrufezeichen auf weißem Grund; Bild 21): Vorsichtig verschieben (sorgfältig rangieren)!
- *Gefahrgutzettel Nr. 15* (drei rote Dreiecke mit schwarzem Ausrufezeichen; Bild 22): Abstoß- und Ablaufverbot. Muss von einem

Bild 21: Sorgfältig rangieren!

Bild 22: Abstoß- und Auflaufverbot

Bild 23: Kennzeichnung für den Transport verflüssigter Gase

Triebfahrzeug beigestellt werden. Darf nicht auflaufen und muss gegen das Auflaufen anderer Fahrzeuge geschützt werden!

An den Ladeeinheiten des kombinierten Verkehrs sind die in der Gefahrgutverordnung Straße (GGVS) vorgeschriebenen Gefahrzettel angebracht. Kesselwagen für Druckgase sind mit einem orangen, horizontal umlaufenden Farbband (Breite: 30 cm) auf der Mittelachse des Behälters gekennzeichnet (Bild 23). Wie im Straßenverkehr sind gefährliche Stoffe, die in erwärmten Zustand befördert werden, mit einem symbolisierten Thermometer (rot auf rotumrandeten weißen Warndreieck) gekennzeichnet.

Nach der GGVE sind von der Eisenbahn für häufig beförderte gefährliche Güter Unfallmerkblätter vorzuhalten. Dazu wurde von der DB AG eine Konzernrichtlinie »Sicherheitstechnische Maßnahmen nach Freiwerden gefährlicher Stoffe veranlassen« erarbeitet. Im Anhang dieser Richtlinie befindet sich die Sammlung der Unfallmerkblätter, die unter anderem in den Triebfahrzeugen der DB AG und von jedem Notfallmanager mitgeführt werden. Wird ein gefährliches Gut befördert, für das von der DB AG kein Unfallmerkblatt vorgehalten wird, so muss der Absender dem Frachtbrief ein Unfallmerkblatt beigeben bzw. im Frachtbrief auf ein voll anwendbares Unfallmerkblatt aus oben genannter Sammlung hinweisen. Neben den *Beförderungspapieren* (Frachtbriefe) werden noch sogenannte *Wagenlisten* und Bremszettel auf dem Triebfahrzeug mitgeführt. Aus der Wagenliste ist nicht nur erkennbar, wo im Zug sich welcher Wagen befindet, sondern auch, ob er Gefahrgut geladen hat. Die Notfallleitstellen können über ein eigenes EDV-System zentral die Wagenlisten abrufen. Der Bremszettel gibt Aufschluss über die Besonderheiten eines Zuges, dazu gehören auch Hinweise auf mögliches Gefahrgut. Der Notfallmanager ist mit einem Laptop ausgerüstet, auf dem die Gefahrstoffdatenbank »CHEMIS«[12] installiert ist. Diese Datenbank steht auch den Notfallleitstellen zur Verfügung. Ist ein Güterzug ohne Lok abgestellt, befinden sich die Papiere beim Aufsichtsbeamten des jeweiligen Bahnhofs oder dem Fahrdienstleiter.

6.3 Tunneleinsätze

Tunnelanlagen gibt es schon seit Beginn der Eisenbahnen. Während sie für den Bahnbetrieb große Vorteile bieten, wie z.B. Unab-

---

12 Chemikalieninformationssystem des Bundesinstitutes für gesundheitlichen Verbraucherschutz und Veterinärmedizin (BGVV), früher Bundesgesundheitsamt (BGA).

hängigkeit von Witterungs- und Umwelteinflüssen, sind die Rettungsarbeiten im Falle eines Unfalles meist viel schwieriger als auf der freien Strecke. So ist der Schadenort im Tunnel nur mit größerem Zeitaufwand zu erreichen. Aus diesem Grund muss bei einem Tunneleinsatz immer von beiden Seiten zur Einsatzstelle vorgegangen werden. Je nach Einsatzsituation sollte die normale Truppstärke (1:1) auf (1:2) erhöht werden. Des weiteren erschwert die Enge der Tunnel die Rettungsarbeiten. Im Brandfalle stellen die Wärme- und Rauchentwicklung sowie eine mögliche Panik eine erhebliche Gefahr für die Betroffenen und die Einsatzkräfte dar. Für Tunnel mit einer Länge größer 1 000 m sind deshalb objektbezogene Alarm- und Einsatzpläne zu erarbeiten, bei denen unter anderem die Sicherheitseinrichtungen, Zufahrtswege, Rettungsplätze und Funkorganisation zu beschreiben sind.

Während für die bisherigen Schnellfahrstrecken die Rettungszüge (siehe Kapitel 3.1.2) vorgehalten werden, wurde in der »Richtlinie über die Anforderungen des Brand- und Katastrophenschutzes an den Bau und Betrieb von Eisenbahntunneln« des EBA, die von Fachleuten verschiedener Bundesländer, der AGBF, der DB AG und des EBA erarbeitet wurde, ein anderer Weg beschritten. Hier wurde für eine wirkungsvolle Gefahrenabwehr im Bereich von neuen Eisenbahntunnelanlagen ein Gesamtkonzept aus baulichen, organisatorischen und abwehrenden Maßnahmen entwickelt. Danach ist für Tunnel ein Rettungskonzept zu entwickeln, das sowohl die Selbst- als auch die Fremdrettung gewährleistet. Als bauliche Maßnahmen sind besonders die Begrenzung der Fluchtwege auf 500 m und die Sicherung der Löschwasserversorgung zu nennen. So muss für jedes Tunnelportal mit einem Rettungsplatz und für jeden Notausgang in einer Entfernung von maximal 300 m ausreichend Löschwasser zur Verfügung stehen. Innerhalb der Tunnel werden trockene Löschwasserleitungen verlegt. In Abständen von maximal 125 m sind Schlauchanschlusseinrichtungen nach DIN 14461 angebracht. Diese Leitungen werden abschnittsweise befüllt, d.h. die ersten Einsatzkräfte öffnen im Vorgehen die Absperrschieber, die sich bei den Entnahmestellen befinden.

Ein ganz wesentliches Problem bei Tunneleinsätzen ist die Sicherstellung der Kommunikation. In der oben genannten Richtlinie wird deshalb gefordert, dass die bei den Rettungsdiensten gebräuchlichen Funksysteme, d.h. BOS-Funk, auch innerhalb des Tunnels uneingeschränkt verfügbar sein müssen. Zur Realisierung dieser Forderung gibt es verschiedene technische Möglichkeiten, wie beispielsweise die Einspeisung über Schlitz- oder Leckkabelsysteme. Hierbei muss insbesondere auf den Funktionserhalt im Brandfalle geachtet werden. Nur so ist gewährleistet, dass die vorgehenden Einsatzkräfte eine Sprechfunkverbindung mit der Einsatzleitung aufrechterhalten können. Neben dem BOS-Funk wird durch eine drahtgebundene Fernsprecheinrichtung die Kommunikation zwischen den jeweiligen Einsatzabschnitten ermöglicht. Hierbei handelt es sich um eine Ringleitung, die alle Tunnelportale, Rettungsschächte, stollen und Notausgänge miteinander verbindet. Die Kontaktaufnahme erfolgt über getrennte Notruffernsprecher, die die Kontaktaufnahme zur betriebsüberwachenden Stelle ermöglichen.

Bei einem Feuer innerhalb eines Tunnels müssen die geretteten Personen von mit Atemschutz ausgerüsteten Kräften der Feuerwehr bis in einen sicheren Bereich, d.h. Tunnelportal oder Schleuse zu Rettungstunnel, gebracht werden und können erst dann dem Rettungsdienst übergeben werden. Durch die begrenzten Zugangsmöglichkeiten ist eine breit angelegte Rettungsaktion nicht durchführbar. Aufgrund der langen Anmarschwege und der hohen Einsatzbelastungen, die sich bei Einsätzen in Tunnelanlagen ergeben, müssen besondere Anforderungen bezüglich des Atemluftvolumens an die Atemschutzgeräte gestellt werden. So dauert die Verlegung von 100 m Schlauchleitung etwa fünf bis zehn Minuten. Dieser Zeitraum kann sich aufgrund starker Rauch und Wärmeentwicklung schnell verdoppeln. Geht man von einem mittleren Atemluftverbrauch von 50 l/min unter erschwerten Bedingungen aus, so lassen sich ausreichende Einsatzzeiten nur unter Einsatz von Regenerationsgeräten oder von Langzeit-Pressluftatmern mit Kohlefaser-Verbundstoff-Flaschen erreichen. Wobei letztere eine maximale Einsatzzeit von etwa einer Stunde besitzen. Der Einsatz von Wärmebildkameras erleichtert den Einsatzkräften die Orientierung in verrauchten Tunnelanlagen.

Personen, die im Brandfall den Tunnel im Rahmen der Selbstrettung nicht selbst verlassen können, sind während der Rettungsmaßnahmen durch Rauchgase gefährdet. Um diese Personen zu einem möglichst frühen Zeitpunkt zu schützen, sind von den Rettungskräften sogenannte Fluchthauben mit vorzunehmen.

Die gleichen hohen Anforderungen an Atemschutzgeräte bezüglich der Einsatzdauer gelten auch für andere Einsatzmittel, wie Handlampen usw., soweit diese mit Akkumulatoren betrieben werden. Hier sind ausreichende Kapazitäten vorzuhalten.

7 Zusammenfassung

Allgemeine Einsatzgrundsätze

Die nachfolgenden Einsatzgrundsätze gelten zum Teil nicht nur für Eisenbahnunfälle. Sie sollen aber aus Gründen der Vollständigkeit dennoch hier aufgeführt werden:

Erkundung

- Muss von den ersteintreffenden Feuerwehreinheiten durchgeführt werden, geht vor Individualmaßnahmen.
- Muss umfassend sein, d.h. beiderseits des Zuges usw.
- Muss eine qualifizierte Lagemeldung zur Folge haben.

Sicherungsmaßnahmen gehen vor Einsatzmaßnahmen!

Gleissperrung/Abschaltung der Oberleitungsanlage

- Muss schnellstmöglich durch Notfallleitstelle/Notfallmanager veranlasst werden (siehe Kapitel 5.2.1 und 5.2.3.5).

Erdung

- Vor und hinter der Unfallstelle (siehe Kapitel 5.2.3.5).

Standort der Einsatzleitung

- Muss für alle nachrückenden Einsatzkräfte erkennbar sein, d.h. nicht zu abgelegen.
- Muss sich außerhalb der Anfahrt der E-Stelle befinden.

Bereitstellungsräume/Anfahrts- und Abfahrtswege

- Sind im Vorfeld in den Einsatzplänen bzw. frühzeitig festzulegen.
- Sind durch Lotsen usw. kenntlich zu machen.

Einsatzabschnitte

- Sind entsprechend den örtlichen Gegebenheiten zu bilden.
- Können anhand der Wagennummern in Unterabschnitte unterteilt werden (pro Personenwagen Personal in Zugstärke).

Sammelplätze

- Sind frühzeitig mit dem Rettungsdienst (Leitenden Notarzt bzw. Organisatorischen Leiter Rettungsdienst) festzulegen.

Verbandsplätze

- Können im Bereich von Bahnhöfen beispielsweise in Empfangshallen eingerichtet werden.

8 Zukünftige Entwicklungen

So rasant sich die Computertechnik und Informationsgesellschaft ändert, so schnell wird sich in den nächsten Jahren auch die Technik der Bahn verändern. Insbesondere deshalb, weil sich der spurgebundene Verkehr hervorragend für die Automatisierung eignet. Der im Sommer 1999 gefasste Entschluss, vorläufig keine neuen Hochgeschwindigkeitsstrecken zu bauen, und statt dessen verstärkt in das bestehende Streckennetz (Investitionsstrategie Netz 21) zu investieren, erlaubt eine umfassende Modernisierung, Automatisierung und Veränderung des Bahnverkehrs, der auch die Tätigkeit der Einsatzkräfte vor Ort bei Eisenbahnunfällen beeinflussen wird.

Ziel der meisten Neuerungen ist es, einen einheitlichen europäischen Standard zu entwickeln, um die Schienenfahrzeuge der verschiedenen Europäischen Bahnen untereinander kompatibel und insgesamt sicherer zu machen. Die tatsächliche Entwicklung in den nachfolgend beschriebenen Abschnitten bleibt allerdings abzuwarten.

8.1 Stellwerkbereich

Einzelstellwerke auf jedem Bahnhof, wie sie jetzt noch weit verbreitet sind, wird es nicht mehr geben. Statt dessen werden nur noch auf größeren Bahnhöfen automatisierte Stellwerke ohne Personal als Rückfallebene vorhanden und nur noch zu bestimmten Tageszeiten und im Störungsfall besetzt sein. Diese automatisierten Bahnhöfe und Streckenabschnitte werden zu Zentralstellwerken zusammengefasst, die nur noch von wenigen Fahrdienstleitern überwacht und fern bedient werden. Dies bedeutet, dass ein Fahrdienstleiter für mehrere Bahnhöfe und die dazugehörigen Streckenabschnitte zuständig ist. Für die Einsatzkräfte hat dies zur Konsequenz, dass der für ihren Unfallort zuständige DB Fahrdienstleiter sich in mehr als 100 km Entfernung befinden kann.

8.2 Signale

Ortsfeste Signale, sei es als Form- oder Lichtsignale, werden nicht mehr notwendig sein, da die Signalstellung mittels Funk auf den Führerstand dem Lokführer angezeigt wird (siehe Kapitel 8.3). Vor allem die kostenintensiven Streckensignale werden dadurch entbehrlich. Während zur Zeit die festen Streckenblocksignalabstände von 1 000 m vorgegeben sind, ohne dass die tatsächliche Zuglänge[13] Berücksichtigung findet, können durch vom Steuerungssystem errechnete, virtuelle Signale die tatsächlichen Zuglängen berücksichtigt werden. Der Abstand des nachfolgenden Zuges kann somit auf die Länge des vorausfahrenden Zuges abge-

[13] Diese reicht von einigen Metern bei Einzelfahrzeugen bis zu 700 m bei Güterzügen.

stimmt werden. Je kürzer der vorausfahrende Zug ist, desto »näher« darf der nachfolgende Zug auffahren. Die Geschwindigkeit, Zuggewicht und Bremsausrüstung der Züge und die einzuhaltende Mindestabstände werden bei diesem System und den zu berechnenden Mindestabständen berücksichtigt. Die Streckenkapazität wird mit diesem System um 20 bis 30 % gesteigert. Als Rückfallebene werden nur noch die Ein- und Ausfahrsignale in den Bahnhöfen und Signale bei besonderen betrieblichen und baulichen Verhältnissen vorhanden sein. Die Helfer werden sich also in Zukunft nicht mehr an Signalen orientieren können.

8.3 Funkfahrbetrieb

Haupteinsatzgebiet des **F**unk**f**ahr**b**etriebes (FFB) werden die wichtigen Hauptstrecken sein. Er soll aber auch auf Nebenbahnen und wenig frequentierten Hauptbahnen eingesetzt werden, um dort eine größere Rentabilität der wirtschaftlich gefährdeten Strecken zu erreichen. Über ein spezielles GPS- und GSM-R-Programm, steht der Zug mit der von ihm befahrenen Strecke in »Kontakt«. Standort des Zuges, Signalstellung und Sicherungsfunktionen an der Strecke, z.B. von virtuellen oder reellen Signalen, Bahnübergangssicherungen und Aus-/Einfahrten in Bahnhöfen werden dem Triebfahrzeugführer auf einem Display im Führerstand angezeigt. Gleichzeitig werden entsprechend der Geschwindigkeit und dem Standort des Zuges, die Signale und Weichen rechtzeitig durch den anrückenden Zug gestellt. Kurz gesagt, der Zug stellt sich seinen Fahrweg und die Signale selbsttätig. Ein Fahrdienstleiter wird nur noch in Ausnahmefällen im Bahnhof/Stellwerk anwesend sein, um einen gestörten Zugverkehr manuell zu regeln.

8.4 Funksteuerung von Zügen und Rangierlokomotiven

Rangierlokomotiven werden schon überwiegend vom Rangierpersonal (Lokrangierführer) mittels Funkfernsteuerung bedient. Auf großen Rangierbahnhöfen sind bereits fernbediente Rangierlokomotiven vorhanden, die direkt vom zuständigen Stellwerk aus ferngesteuert werden.

Versuchsweise wird bereits bei einigen Güterzügen auf bestimmten kurzen Strecken ohne Triebfahrzeugführer gefahren. Es befindet sich auf diesen Güterzügen also kein Personal mehr. Diese Form der Automatisierung wird verstärkt vorangetrieben, um Personalkosten zu sparen und damit eine höhere Effizienz im Schienengüterverkehr zu erreichen.

8.5 Kommunikation

Die Ausrüstung mit Mobilfunk für Zugbegleiter und Triebfahrzeugführer wird weiter vorangetrieben. Ein direktes Gespräch zwischen Zugpersonal und Notfall- bzw. Feuerwehr-Leitstelle wird dadurch ermöglicht und vereinfacht die Lagebeurteilung für die Leitstellen. Der analoge Zugfunk soll ebenfalls vollständig digitalisiert und mit neuen GSM-R-Geräten ausgerüstet werden. Dies ermöglicht eine umfassende Kommunikationserweiterung, ohne an die bisherigen Systemgrenzen zu stoßen. Diese Kommunikationseinrichtungen werden auch die noch vorhandenen Streckentelefone ersetzen. Eine einsatzbedingte Mitnutzung der neuen Kommunikationswege und -mittel durch die Rettungskräfte, wird dadurch ebenfalls möglich. Diese Entwicklung ist weitgehend mit dem Funkfahrbetrieb (siehe Kapitel 8.3) gekoppelt.

8.6 Personal

Wie bereits in der Einführung angedeutet, wird das Bahn-Fachpersonal verstärkt tätigkeitsbezogen in den einzelnen DB AG-Geschäftsbereichen ausgebildet. Einen umfassend ausgebildeten Mitarbeiter wird es, wie in anderen Bereichen unserer hochspezialisierten Gesellschaft auch, bei der Bahn nicht mehr geben. Der Personalstand, insbesondere im Streckendienst (Stellwerke usw.), wird sich erheblich verringern. Damit stehen den Rettungskräften seltener Ansprechpartner sofort vor Ort zur Verfügung. Einzig der Notfallmanager, und im geringeren Umfang der BGS-Bahnpolizei und Bahnschutz (BSG) wird nach unter Umständen längerer Anfahrtszeit den Rettungskräften zur Seite stehen (siehe auch Kapitel 3).

8.7 Rettungstechnik

An Stelle der in die Jahre gekommenen schienengebundenen Hilfszüge, werden vermehrt speziell für die Bahn ausgerüstete Zweiwegefahrzeuge mit Abrollbehältern und Sondersignalanlage als Hilfszugfahrzeuge beschafft. Erheblich geringerer Personalbedarf und eine wesentlich flexiblere Streckeneinsatzmöglichkeit des DB-Hilfszugfahrzeuges sind der Grundgedanke für diese Entwicklung.

Ein weiteres Konzept ist es, die öffentlichen Feuerwehren verstärkt mit Spezialfahrzeugen auszurüsten, um Sie bei Unfällen im Schienenbereich zu wappnen. So stellt die DB AG bei bestehenden Tunnelanlagen über 1 000 m den zuständigen öffentlichen Feuerwehren so genannte Hilfeleistungslöschfahrzeuge (HLF 24/14 S) zur Verfügung (siehe Bild 24 auf Seite 145). Sie sind mit einer hydraulisch absenkbaren Schienenfahreinrichtung (Zweiwege-Fahrzeuge) ausgestattet. Ein Großteil der Beladung ist auf Rollwagen verlastet, die mit einem ausklappbaren Schienenfahrsatz ausgestattet sind.

8.8 Bremstechnik

Druckluftgesteuerte Bremsen sind nicht mehr Stand der Technik, da sie schwer und Wartungsaufwand sowie Verschleiß hoch sind. Statt dessen sollen in Zukunft elektronische Bremsen eingebaut werden, die über einen zentralen Rechner auf dem Führerstand überwacht und bedient werden. Jedes Fahrzeug mit dieser Bremstechnik hat zusätzlich ein eigenes Unterprogramm und Diagnosesystem, das die eigene Diagnoseauswertung (z.B. Bremse an/aus, Fahrzeuggewicht und -länge, Ladezustand, maximal zulässige Geschwindigkeit) zum Zentralrechner schickt, der die richtige Bremskonfiguration errechnet. Hierfür wird eine europaweite Lösung angestrebt. Bei der Notfall-Bedienung wird sich voraussichtlich nicht viel ändern. Statt der Druckluftschläuche werden die Kabel getrennt, soweit dies nicht gleichzeitig mit der automatischen Mittelpufferkupplung eingeführt wird.

8.9 Automatische Mittelpufferkupplung

Automatische Mittelpufferkupplungen findet man beispielsweise bei allen ICE-Triebzügen, gängigen S-Bahn und U-Bahn Zugtypen. Statt alle Kupplungen, Schläuche und Kabel einzeln von Hand an den Fahrzeugen zu verbinden, werden diese Anlagen, inklusive der Pufferfunktion, in ein einziges Kupplungssystem eingebaut, das all diese Aufgaben übernimmt. Das An- und Abkuppeln erfolgt automatisch vom Führerstand aus.

Das Problem der manuellen und automatischen Kupplungssysteme bestand bisher darin, dass die überwiegend verwendeten Regelkupplungsanlagen nicht mit der Mittelpufferkupplung kompatibel waren. Der Einsatz dieser Fahrzeuge konnte daher immer nur »sortenrein« erfolgen. Mit den neu entwickelten Mittelpufferkupplungen (ZA-K) sollen beide System miteinander verknüpft werden. Beide Systeme sind auch weiterhin manuell bedienbar, so dass im Notfall keine speziellen Kenntnisse in der Bedienung erforderlich sein werden.

9 Glossar

A

AGBF

Die Arbeitsgemeinschaft der Leiter der Berufsfeuerwehren (AGBF) ist ein Zusammenschluss der Leiter der Berufsfeuerwehren in der Bundesrepublik Deutschland, der dem Deutschen Städtetag angegliedert ist.

B

Bahnanlagen

Unter Bahnanlagen versteht man alle Grundstücke, Bauwerke und sonstigen Einrichtungen einer Eisenbahn, die zur Abwicklung oder Sicherung des Reise- oder Güterverkehrs auf der Schiene erforderlich sind. Fahrzeuge zählen nicht zu den Bahnanlagen. Bahnanlagen werden eingeteilt in Bahnanlagen der Bahnhöfe, der freien Strecke und sonstige Bahnanlagen. Zu den Bahnanlagen zählen unter anderem Oberbau, die Bahnübergänge, die Bahnsteige und Rampen, Umschlagseinrichtungen des kombinierten Ladeverkehrs, des weiteren die Signale und Weichen, Block- und Zugbeeinflussungseinrichtungen und die Fernmeldeanlagen.

Bahnbetriebsunfall

Hierbei handelt es sich um Unfälle, bei denen mindestens ein bewegtes Eisenbahnfahrzeug bzw. bei Bahnübergängen auch ein haltendes Eisenbahnfahrzeug beteiligt ist. Es wird zwischen Entgleisung, Zusammenstoß, Aufprall, Zusammenprall, sonstiger Bahnbetriebsunfall und Personenunfall unterschieden.

Bahnfeuerwehren

Im Rahmen der Privatisierung und Umstrukturierung hat die DB AG die meisten der ehemals mehr als 125 Bahnfeuerwehren aufgelöst. Zur Zeit (2001) gibt es Bahnfeuerwehren nur noch an den Standorten: Hannover, Kaiserslautern, Kassel, Krefeld, Leverkusen, Maschen, Nürnberg und Wuppertal.

Außer der Feuerwehr des Rangierbahnhofes Maschen, die den Status einer Werkfeuerwehr besitzt, handelt es sich um nebenamtliche Betriebsfeuerwehren, die in der Regel mit einem LF 24-TH mit bahnspezifischer Beladung ausgestattet sind.

Bahnhof (Bf)

Ein Bahnhof hat mindestens eine Weiche, an der Züge beginnen, wenden oder enden können. Der Bahnhofsbereich beginnt bzw. endet am Einfahrtsignal oder bei Fehlen von Signalen an der ersten Weiche.

Bahnerden

a) Bahnerden im Profil: Bei dieser Art der Bahnerdung wird nach dem Prüfen auf Spannungsfreiheit ein Kabel mittels einer Schraubklemme am nach außen weisenden Schienenfuß und mit Hilfe einer isolierenden Stange eine weiteren Klemme an der Oberleitung befestigt. Das Erdungskabel hängt dann in Gleismitte von der

Oberleitung herab. Diese Art der Bahnerdung erschwert jedoch ein Passieren der Erdungsstelle mit einem Schienenfahrzeug erheblich. Damit die Erdungsstelle nicht beschädigt oder gelöst wird, ist sie optisch gut kenntlich zu machen und gegen unbefugte Personen zu sichern.

b) Profilfreies Bahnerden: Um profilfrei zu erden, wird eine metallische, leitende Verbindung zur Bahnerde (Gleiskörper) mit einem direkt zur Oberleitung führenden Anlagenteil geschaffen. Hierbei kommen sowohl herkömmliche Erdungsstangen als auch stationäre Erdungseinrichtungen zum Einsatz. Der wesentliche Vorteil dieser Art der Bahnerdung ist die problemlose Passierbarkeit der Erdungsstelle mit z.B. dieselgetriebenen Triebfahrzeugen oder Schienenrollwagen. Auch hier ist optisch zu kennzeichnen und gegen unbefugten Zugriff zu sichern.

c) Erden durch fest eingebaute Erdungsvorrichtungen: Diese Art der Bahnerdung war früher hauptsächlich in besonderen Streckenabschnitten wie Tunnels, vor und nach Energieeinspeisebereichen, usw. anzutreffen. Innerhalb von Bahnhöfen gibt es sogenannte Ladegleise, deren Oberleitung durch Ladegleisschalter manuell zugleich freigeschaltet und geerdet wird. Dies ist notwendig, da bei Ladegleisen aufgrund der Ladevorgänge regelmäßig der vorgeschriebene Sicherheitsabstand unterschritten wird. Die Verbindung zwischen Bahnerde und Oberleitung ist baulich – z.B. an Masten – bereits vorbereitet und wird in der Regel mechanisch-manuell geschlossen. Auch wenn diese Art der Erdung nach Beseitigen eines Schlosses sehr einfach erscheint, ist die stationäre Bahnerdung Aufgabe des entsprechend ausgebildeten Personals. Ihr wesentlicher Vorteil liegt ebenfalls in der Profilfreiheit. Selbstverständlich muß auch hier entsprechend der vorgenannten Varianten anschließend gesichert werden.

Basa

Basa ist die Abkürzung für **Ba**hn**s**elbst**a**nschlussanlage. Fast alle Stellen der DB AG sind an die Basa angeschlossen. Der Teilnehmer stellt nach Abheben des Sprechhörers die Verbindung durch Betätigen der Wählscheibe selbst her.

Beauftragter für Betriebssicherheit

Der örtliche Beauftragte für Betriebsicherheit ist an den einzelnen Betriebstandorten für die Umsetzung des Notfallmanagements verantwortlich. Er legt die Grenzen der Notfallbezirke fest und regelt – im Benehmen mit den Leitern der Notfallbezirke – die Notfallbereitschaft.

Betriebsstandorte

Die DB Netz AG verfügt über sieben Niederlassungen (NL) in der Bundesrepublik Deutschland. Jede Niederlassung besitzt eine Betriebszentrale mit einer Notfallleitstelle. Den Niederlassungen sind Betriebsstandorte zugeordnet, die für die Wahrnehmung der organisatorischen und operativen Aufgaben der unmittelbaren Betriebsdurchführung, Instandhaltung und des Notfallmanagements verantwortlich sind.

Blockabstand, Blockstrecken

Im Straßenverkehr wird auf Sichtabstand gefahren. Der benötigte Bremsweg hängt in der Regel kaum von der Beladung sondern nur von der Geschwindigkeit eines Fahrzeuges ab. Im Gegensatz zum Straßenverkehr wird beim Schienenverkehr im sogenannten Raum- oder Blockabstand gefahren. Da Züge nie die gleiche

Länge, Geschwindigkeit, Fahrzeugtypen und Gesamtgewicht aufweisen und auch die Witterung und Streckenverhältnisse (z.B. Kurven, Gefälle) unterschiedlich sind, ist auch der Bremsweg verschieden. Der Raumabstand (Blockabstand) dient dazu, zwei nacheinanderfolgende Züge soweit getrennt zu halten, dass ein versehentliches Auffahren auf den vorausfahrenden Zug nicht möglich ist. Die Raumabstände sind begrenzt durch Signale, die dem Triebfahrzeugführer anzeigen, ob er freie Fahrt hat oder nicht. Die Streckenabschnitte zwischen den Signalen sind Fahrdienstleitern zugeteilt, die die Zugfahrten regeln. Blockstrecken sind Gleisabschnitte, in die ein Zug nur einfahren darf, wenn sie frei von Fahrzeugen sind.

Brandbekämpfung im Bereich elektrischer Anlagen

Tabelle 12: Mindestabstände beim Einsatz von Wasser als Löschmittel bei elektrischen Anlagen (siehe DIN 0132/11.89)

Strahlrohr DIN 14365-CM	Mindestabstand bei Niederspannung ≤ 1 000 V	Mindestabstand bei Hochspannung ≤ 30 kV	Mindestabstand bei Hochspannung ≤ 110 kV
C-Sprühstrahl	1 m	3 m	3 m
C-Vollstrahl	5 m	5 m	6 m

Anmerkungen zu Tabelle 12:

- Die Werte gelten nach DIN 14365-CM/BM genormte Strahlrohre; für andere Strahlrohre nur, wenn diese gleiche elektrische Sicherheit nach DIN 14365 Teil 2 wie genormte Strahlrohre besitzen.
- Mundstücks- oder Düsendurchmesser größer als 12 mm (maximale Größe: 22 mm): Abstand ist um 0,75 m für jeden mm Durchmesser zu vergrößern.
- Strahlrohrdruck über 5 bar: Abstand ist um 2 m zu vergrößern.

D

Deutsche Bahn AG in Zahlen (Geschäftsbericht 1999/1998)

Tabelle 13: Personenverkehr

Reisende	Mio	1 680,1/1 668,4
Reisendenkilometer Mio.	Pkm[a]	72 846/71.853
Zahl der Züge pro Tag		30 477/29 904
Betriebsleistungen	Mio. Trassenkm	729,9/718,1
Fahrzeuge	ICE 1 Triebköpfe	120/120
	ICE 2 Triebköpfe	46/46
	ICE T Triebköpfe	17/0
	Lokomotiven	2 934/3 077
	Triebwagen (incl. Schienenomnibusse)	4 571/4 350
	Reisezugwagen	13 810/14 157

[a] *Personenkilometer:* Produkt aus der Anzahl der beförderten Personen und der mittleren Reiseweite

Tabelle 14: Güterverkehr

Beförderte Güter	Mio.t	279,3/288,7
Transportleistung	Mio. tkm	71 494/73 273
Zahl der Züge pro Tag	rd.	7 000
Betriebsleistung	Mio. Trassenkm	220,3/223,5
Lokomotiven		4 341/4 631
Güterwagen		128 958/136 461
Ladekapazität der Güterwagen	Tsd. T	5 249/5 976

Tabelle 15: Fahrweg

Betriebsleistung	Mio. Trassenkm	976,7/946,5
Betriebslänge	km	37525/38126

Einheitshilfsgerätewagen (EHG)

Hierbei handelt es sich um einen einzelnen vierachsigen Wagen, der aus Werkstatt-, Geräte- und Mannschaftsraum besteht. Zu seiner Ausstattung gehören u.a. Hydraulische Heber, Aufgleisbrücken, Schwenkran (250 kg) und zwei Stromerzeuger (festeingebaut: 11 kVA, 220/380 V, transportabel: 5,5 kVA, 220/380 V).

Einheitshilfszüge (EHZ)

Der EHZ besteht aus drei Wagen: einem zweiachsigen Gerätewagen, einem zweiachsigen Energieversorgungswagen und einem vierachsigen Aufenthaltswagen. Im Maschinenraum befindet sich ein fest eingebautes Stromaggregat (20 kVA, 220/380 V).

Eisenbahnen

Eisenbahnen sind öffentliche Einrichtungen oder privatrechtlich organisierte Unternehmen, die Eisenbahnverkehrsleistungen erbringen (Eisenbahnverkehrsunternehmen) oder eine Eisenbahninfrastruktur betreiben (Eisenbahninfrastrukturunternehmen).

Eisenbahnen des Bundes

Hierunter versteht man Eisenbahnverkehrsunternehmen (EVU), die bundesweit tätig sind. Für nichtbundeseigene Eisenbahnverkehrsunternehmen sind die Verkehrsministerien der Länder als Aufsichtsbehörden zuständig.

Eisenbahn-Bundesamt (EBA)

Aufsichtsbehörde für die Eisenbahnen des Bundes. Die Zentrale des Eisenbahn-Bundesamtes befindet sich in Bonn, daneben bestehen Außenstellen an den Standorten der ehemaligen Bundesbahndirektionen. Eine weitere Aufgabe des Eisenbahn-Bundesamtes ist die fachliche Untersuchung der Ursachen und Hintergründe von Eisenbahnunfällen.

Eisenbahnneuordnungsgesetz
Gesetz mit dem die Grundlagen der Privatisierung der Deutschen Bundesbahn/Deutschen Reichsbahn geschaffen wurden. Es wurde veröffentlicht im Bundesgesetzblatt (BGBl) Teil 1, S.2378.

F

Fachberater
Hierbei handelt es sich um kompetente Ansprechpartner anderer Behörden, Organisationen und Hilfskräfte, die der Einsatzleitung aufgrund ihrer speziellen Kenntnisse zur Verfügung stehen. Sie befinden sich in der Regel auch in räumlicher Nähe zu den Sachgebietsleitern einer Einsatzleitung.

Fahrdienstleiter (Fdl)
Der Fahrdienstleiter bedient das Stellwerk und seine technischen Einrichtungen. Er ist für die sichere Durchführung einer Zug- oder Rangierfahrt innerhalb des Bahnhofs und der anschliessenden freien Strecke verantwortlich und regelt diese weitgehend in eigener Verantwortung. Es können mehrere Fdl auf einem Stellwerk tätig sein, wobei jeder einen anderen Bahnhofs- oder Streckenabschnitt bedient. Er ist der zentrale Ansprechpartner für den gesamten Betrieb auf oder auch an den Schienen.

Freie Strecke
Die freie Strecke ist der Gleisabschnitt zwischen den Einfahrthauptsignalen zweier benachbarter Bahnhöfe. Auf der Strecke befindliche Signale gehören damit nicht zum eigentlichen Bahnhof, werden aber von dort aus überwacht und bedient. Unter den Gleisen der freien Strecke versteht man die durchgehenden Hauptgleise, die die Bahnhöfe miteinander verbinden.

G

Gefahrstoffverordnung Eisenbahn (GGVE)
Verordnung über die innerstaatliche und grenzüberschreitende Beförderung gefährlicher Güter mit Eisenbahnen aufgrund des Gesetzes über die Beförderung gefährlicher Güter (GGBefG). In der Anlage der GGVE sind auch die RID-Regeln aufgeführt. Beim RID (Reglement international comcernant le transport des marchandises dangereuses par chemins de fer) handelt es sich um die Verordnung für die internationale Eisenbahnbeförderung gefährlicher Güter.

GPS
Mit Hilfe der Satelliten-Ortung (**G**lobal **P**ositioning **S**ystem) und der Mobilfunkübertragung (GSM-R) kann der komplette Zugebetrieb ohne jedes Signal abgewickelt werden.

GSM-R
Hierbei handelt es sich das bereits installierte Übertragungssystem für Mobilfunk (**G**lobal **S**ystem for **M**obile Communication). Dieses System wird in ergänzt mit bahnspezifischen Anforderungen, wofür das **R** (Rail) steht.

H

Hauptsignal (Hp)

Hauptsignale sind als Licht- oder Formsignale ausgebildet. Das Hauptsignal regelt die Zugfolge im vorausliegenden Streckenabschnitt. Sie wurden durch das Vorsignal im Bremswegabstand von z.B. 1 000 m angekündigt.

I

Induktive Zugsicherungsanlage (Indusi)

Die induktive Zugsicherungsanlage bzw. induktive Zugbeeinflussung (Indusi) soll durch Zwangsbremsung Unfälle oder Gefährdungen verhindern, wenn haltzeigende Hauptsignale oder vorgeschriebene Geschwindigkeitsbeschränkungen vom Triebfahrzeugführer nicht beachtet werden. Hierbei handelt es um Gleismagnete, die an den Haupt- und Vorsignalen, Langsamfahrstellen, Baustellen und Geschwindigkeitsüberwachungsstellen angebracht sind. Die Indusi befreit den Triebfahrzeugführer nicht von der gewissenhaften Beobachtung der Strecke und ihrer Signale. Vielmehr wird der Triebfahrzeugführer gezwungen, seine Wachsamkeit durch Tastenbedienung zu bestätigen. Versäumt er dies oder ermäßigt er die Geschwindigkeit des Zuges nicht innerhalb bestimmter Zeitspannen, so löst die Indusi eine Zwangsbremsung aus. Indusi und **Si**cherheits**fa**hrschaltung (Sifa) sind wesentliche Komponenten der Sicherheitseinrichtung der DB AG. Die Strecken und Fahrzeuge sind zu 99 % damit ausgerüstet.

L

Linienzugbeeinflussung (LZB)

Bei Zügen über 160 km/h reicht der Bremswegabstand von 1 000 m nicht mehr aus und der Triebfahrzeugführer kann bei schlechter Witterung (z.B. Nebel, Schneefall) die Signale nicht mehr eindeutig wahrnehmen. Um hier trotzdem schneller als 160 km/h fahren zu können, werden die Signale 5–10 km voraus auf Fahrt gestellt und die Länge der frei zu befahrenden Strecke auf ein Führerstanddisplay übertragen. Selbst bei tatsächlicher »Sichtweite Null« kann die zulässige Höchstgeschwindigkeit gefahren werden. Die Linienzugbeeinflussung (LZB) ist ein technisches System, mit dem rechnerunterstützt die Zugfahrten lückenlos durch Überwachung der Geschwindigkeit gesichert und direkt mit Hilfe der Führerraumanzeige oder in Verbindung mit der Automatischen Fahr- und Bremssteuerung (AFB) gesteuert werden. Sie ist für Geschwindigkeiten ab 160 km/h zwingend vorgeschrieben. Das auffälligste Kennzeichen der LZB ist ein in der Gleismitte verlegtes Kabel, der Linienleiter.

Lokführer

siehe Triebfahrzeugführer

M

Mehrstromsystemtechnik

Die Eisenbahnen in Europa fahren mit unterschiedlichen Spannungssystemen. In Frankreich wird z.B. eine Wechselspannung von 25 kV (50 Hz) in die Oberleitung eingespeist. Die Niederländischen Bahnen fahren wiederum mit Gleichspannung. Von den neuen ICE 3-Zügen sind 13 als Viersystemzüge konzipiert, die für den grenzüberschreitenden Verkehr mit den Niederlanden, Frankreich, Belgien und der Schweiz eingesetzt werden.

N

Netzbezirk/Notfallbezirk

Die Bereiche der Betriebsstandorte sind in Netzbezirke unterteilt. Diese sind auch gleichzeitig Notfallbezirke.

Nichtbundeseigene Eisenbahnen

Hierbei handelt es sich um Eisenbahnunternehmen, die nur regional und nicht bundesweit tätig sind. Sie stehen unter privater oder öffentlicher Trägerschaft.

Notbremsüberbrückung (NBÜ)

Reisezüge, die auf den Schnellfahrstrecken verkehren, müssen mit einer Notbremsüberbrückung ausgestattet sein. Mit der NBÜ soll verhindert werden, dass ein Zug, nachdem ein Reisender die Notbremse betätigt hat, innerhalb eines Tunnels zum Halten kommt und so eventuelle Rettungsmaßnahmen erschwert werden. Die NBÜ erlaubt es dem Triebfahrzeugführer, eine eingeleitete Notbremsung aufzuheben. Das Auslösen der Notbremse wird dem Triebfahrzeugführer mittels eines Leuchtmelders und einer akustischen Einrichtung angezeigt. Der Triebfahrzeugführer wird sofort über Zugfunk die betriebsleitende Stelle über die Bedienung einer Notbremse über Notruf informieren.

Notfallmappe

Die Notfallmeldestellen/Notfallleitstellen sind mit sogenannten Notfallmappen ausgerüstet, in denen die zu alarmierenden Stellen (Alarmplan) aufgeführt sind. Dazu gehören in Abhängigkeit des jeweiligen Ereignisses u.a. die jeweils zuständige Feuerwehr-Leitstelle, die Rettungsleitstelle, der Bundesgrenzschutz (BGS)/Bahnpolizei und der Notfallmanager des jeweiligen Notfallbezirkes.

Notfallmeldestellen

Notfallmeldestellen sind Betriebsstellen, die in der Lage sein müssen, erste Meldungen aufzunehmen und weiterzugeben, erste Schutzmaßnahmen zu treffen und Hilfe aufzurufen. Sie werden von den Betriebsstandorten Netz bestimmt. In Zukunft wird es nur noch sieben Notfallleitstellen geben.

Nothaltsignal

Um im Notfall einen Zug anzuhalten, ist das Kreissignal – Sh 3 – bzw. im Gebiet der ehemaligen Deutschen Reichsbahn – Sh 1 – Sofort halten zu geben (siehe hierzu Seite 56).
Tageszeichen: Eine rot-weiße Signalflagge, irgendein Gegenstand oder Arm wird im Kreis geschwungen.
Nachtzeichen: Eine Laterne, möglichst rot abgeblendet, oder ein leuchtender Gegenstand wird im Kreis geschwungen.

Notfallleitstellen

Notfallleitstellen sind ständig besetzte Stellen der DB AG, die gefährliche Ereignisse im Eisenbahnbetrieb aufnehmen, weitergeben, erste Schutzmaßnahmen treffen und die erforderlichen Alarmierungen nach eigenem Plan durchführen. Standorte der sieben Notfallleitstellen an den Standorten der Betriebszentralen/Niederlassungen (NL) der DB Netz AG:

- Berlin, NL *Ost,*
- Duisburg, NL *West,*
- Frankfurt/Main, NL *Mitte,*
- Hannover, NL *Nord,*
- Karlsruhe, NL *Südwest,*
- Leipzig, NL *Südost,*
- München, NL *Süd.*

Notfallmanager

Der Notfallmanager ist der Leiter eines Notfallbezirkes. Er ist in seinem Bezirk der direkte Ansprechpartner bei allen Fragen bezüglich der Alarm- und Einsatzplanung sowie bei gefährlichen Ereignissen vor Ort und vertritt im Einsatzfall die DB AG. Der Notfallmanager erledigt alle Aufgaben, die im operativen Bereich der Niederlassungen im Zusammenhang mit Bahnbetriebsunfällen, gefährlichen Unregelmäßigkeiten und Störungen anfallen. Bei der DB Station & Service ist dies der Bahnhofsmanager sowie weiter festzulegende Führungskräfte und Mitarbeiter.

O

Oberbau

Zum Oberbau gehören alle Bauteile, die die Lasten der Fahrzeuge auf den Untergrund den Bahnkörper übertragen. Er besteht aus Schienen, Schwellen, Bettung und die Verbindungsmittel zwischen den einzelnen Elementen.

R

Rettungsplatz

Rettungsplätze sind entsprechend der Richtlinie »Anforderungen des Brand- u. Katastrophenschutzes an den Bau und Betrieb von Eisenbahntunneln« Flächen in der Nähe der Tunnelportale und Notausgänge, die als Verbandsplatz, zum Aufstellen von Material und Geräten, zum Aufstellen von Fahrzeugen, sowie ggf. als Landemöglichekeit für Rettungshubschrauber dienen können. Sie müssen eine Gesamtfläche von 1 500 m² besitzen und sind entsprechend DIN 14090 auszuführen.

S

Schienenkranwagen

Die DB AG hält für umfangreiche Bergungs- und Aufgleisarbeiten Schienenkranwagen (Tragkraft: 75 t bzw. 150 t) vor.

Schnellfahrstrecken

Unter dem Begriff Schnellfahrstrecke werden Streckenbereiche verstanden, bei denen die zulässige Geschwindigkeit mehr als 200 km/h beträgt. Nachfolgende Strecken sind bereits in Betrieb oder werden in Kürze in Betrieb gehen. In den Klammervermerken sind die Höchstgeschwindigkeiten, der Planungs- oder Bauzustand und das voraussichtliche Jahr der Inbetriebnahme angegeben.

Viele Bauvorhaben sind dabei von aktuellen politischen Entwicklungen und freien Finanzmitteln abhängig und können deshalb neu geplant oder verworfen werden.

- Würzburg – Fulda – Kassel – Göttingen – Hannover (250 km/h)
- Würzburg – Nürnberg (200 km/h)
- Gelnhausen – Hanau (200 km/h)
- Hannover – Uelzen – Lüneburg – Hamburg-Harburg (200 km/h)
- Hannover – Wunstorf (200 km/h)
- Haste – Bückeburg (200 km/h)
- Bielefeld – Hamm (200 km/h)
- Paderborn – Soest (200 km/h)
- Duisburg – Köln-Mülheim (200 km/h)
- Berlin-Spandau– Stendal – Hannover (250 km/h)
- Braunschweig – Hildesheim (200 km/h in Planung, voraussichtl. 2003)
- Berlin-Spandau – Wittenberge – Ludwigslust – Hamburg (230 km/h in vordringlicher Planung, voraussichtlich 2003)
- Berlin-Schönefeld – Bitterfeld – Leipzig/Halle (200 km/h in Planung und im Ausbau, vrsl. 2002)
- (Leipzig-)Wurzen – Riesa(-Dresden) (200 km/h in Ausbau und Planung)
- Leipzig – Erfurt (– Nürnberg) (200 km/h in Bau; Planung Erfurt – Nürnberg zurückgestellt)
- Buchholz – Bremen – Osnabrück – Münster (nicht durchgehend 200 km/h)
- Stuttgart – Mannheim (250 km/h)
- Frankfurt am Main – Limburg – Köln/Bonn (300 km/h in Bau, voraussichtlich 2003)
- Mannheim – Frankfurt am Main (Riedbahn 200 km/h)

- Mannheim – Frankfurt am Main (Flughafen) (250 km/h, Neubau in Planung)
- Mannheim – Karlsruhe – Offenburg – Freiburg – Basel (nicht durchgehend 200 km/h und noch im Ausbau, voraussichtlich 2004)
- München – Augsburg – Donauwörth (200 km/h)
- München – Augsburg – Günzburg – Ulm (200 km/h und noch im Ausbau voraussichtlich 2003)
- Ulm – Göppingen – Stuttgart (200 km/h in Planung und im Ausbau und Neubau, voraussichtlich 2003–2005)
- München – Ingolstadt (200 km/h im Ausbau, vrsl. 2003)
- Ingolstadt – Nürnberg (300 km/h im Neubau, vrsl. 2003)
- Nürnberg – Coburg – Erfurt (250 km/h Planung und Bau zurückgestellt)
- Köln – Aachen – Paris (200 km/h in Ausbau vrsl. 2002)
- (Paris) – Saarbrücken – Kaiserslautern – Mannheim (200 km/h in Planung und im Ausbau vrsl. 2002)

Sicherheitsfahrschalter

Diese auch als »Totmannschalter« bezeichnete Einrichtung der Triebfahrzeuge sorgt dafür, dass kein Zug z.B. dadurch, dass der Triebfahrzeugführer plötzlich bewusstlos wird oder verstirbt, »führerlos« werden kann. Durch Drücken und Loslassen innerhalb einer bestimmten Zeitphase einer Hand- und/oder Fusstaste teilt der Triebfahrzeugführer dem Triebfahrzeug mit, dass er noch wach und aufmerksam ist. Bleibt diese Bestätigung aus, wird nach einer kurzen Warnzeit automatisch die Zwangsbremsung des Zuges ausgelöst.

Signale (s.a. unter Hauptsignal und Vorsignal)
Da Züge schwer, lang und schnell sind, ist es nicht möglich, sie auf Sicht fahren zu lassen. Deshalb muss der Triebfahrzeugführer über den ihm vorausliegenden Streckenabschnitt informiert werden. Nur so kann er seine Fahrweise entsprechend anpassen und rechtzeitig vor dem Hauptsignal oder einem anderen haltgebietenden Signal stoppen.

Stellwerk (Stw)
Im Stellwerk sind alle technischen Einrichtungen untergebracht, die benötigt werden, um Signale, Weichen, Kommunikation und sonstige Sicherheitseinrichtungen und Versorgungseinrichtungen zu bedienen. Es wird zwischen mechanischen, elektromagnetischen und elektronischen Stellwerken unterschieden. Die Stellwerke werden durch den → Fdl bedient. Bei mechanischen Stellwerken finden sich auf größeren Bahnhöfen zusätzlliche Wärterstellwerke. Diese sind den Fahrdienstleiterstellwerken technisch unterstellt und werden durch diese gesichert.

Strecken-Fernsprecher (Strecken-Fernsprechverbindungen)
Die Strecken-Fernsprecher ermöglichen die telefonische Verständigung zwischen zwei Zugmeldestellen (→ Fdl). Sie sind auch mit benachbarten Zugmeldestellen, mit Blockstellen, mit Schrankenposten und mit unbesetzten Sprechstellen (z.B. Fernsprechbuden) der freien Strecke verbunden. Fernsprechbuden und -kästen sind mit einem schwarzen, großen **F** gekennzeichnet und befinden sich auf Hauptbahnen in maximal 1 100 m Abständen, auf Nebenbahnen betragen die Abstände 2 000–4 000 m. Zum Öffnen

der F-Buden und Kästen benötigt man einen Eisenbahnvierkantschlüssel. Die Richtung, in der die nächste Sprechstelle liegt, ist auf der freien Strecke durch Richtungspfeile (weißes Dreieck auf dunklem oder schwarzes Dreieck auf hellem Grund) an denFreileitungsmasten, den Kilometersteinen, an den Oberleitungsmasten usw. gekennzeichnet. Die Richtungspfeile werden jeweils auf der Gleisseite der entsprechenden Einrichtung angebracht.

Streckenkilometeranzeige (Hektometeranzeige)

Streckenkilometertafeln geben die Entfernung zwischen einem grossen Knotenbahnhof bis zum nächsten Knotenbahnhof an. Ältere Anzeigen können noch aus Stein gefertigt sein, die neuen sind aus Metall gefertigt. Sie sind im Abstand von 200 m angebracht. Die Ziffern bestehen aus zwei Gruppen: oben in Kilometern, unten hundert Meter Angaben. Bei mehrgleisigen Strecken oder in großen Bahnhöfen können mehrere Strecken parallel laufen, abzweigen, einfädeln oder auch kreuzen. Deshalb ist es möglich, dass an einer Strecke mehrere verschiedene Streckenkilometeranzeigen angebracht sind. Sie sind immer auf- oder absteigend, aber nie gegenläufig. Streckenbezeichnungen werden wie folgt durchgegeben:

Zuerst die Fahrtrichtung, dann die Entfernung und Funktion der Strecke.

Beispiele:

1. München – Augsburg, km 38,4, Fernbahn
   oder Gegenrichtung:
   Augsburg – München, km 38,4, Fernbahn
2. München-Passing – Langwied, km 8,2, S-Bahn
   oder Gegenrichtung:
   Langwied – München-Passing, km 8,2, S-Bahn

3-S-Zentrale (Service, Sicherheit, Sauberkeit)
Hierbei handelt es sich um ständig besetzte Stellen, die unter Einsatz moderner Kommunikationstechniken alle Maßnahmen bezüglich Service, Sicherheit und Sauberkeit koordinieren und veranlassen. Notrufsäulen im Bahnhofsbereich sind auf die zuständige 3-S-Zentrale aufgeschaltet. 3-S-Zentralen befinden sich in allen größeren Bahnhöfen. Kleine Stationen sind an die 3-S-Zentralen der großen Bahnhöfe angegliedert.

T

Triebfahrzeug (Tfz)
Als Triebfahrzeug werden alle Fahrzeuge bezeichnet, die aus eigener Kraft fahren können. Die Art des Antriebes (Strom, Gas, Diesel) ist dabei unbedeutend.

Triebfahrzeugführer (Tf)
Der Triebfahrzeugführer bedient das Triebfahrzeug in eigener Verantwortlichkeit. Er ist für die sichere Fahrt zuständig. Bei Zugfahrten ohne Zugführer (→ Zf) übernimmt er auch dessen Aufgaben.

TUIS (= Transport-Unfall-Informations- und Hilfeleistungssystem)
Das Transport-Unfall-Informations- und Hilfeleistungssystem (TUIS) der deutschen Industrie bietet Hilfe bei Transportunfällen mit chemischen Produkten an. Dem System sind die Werkfeuerwehren von 150 Chemie-Unternehmen angeschlossen. Die Hilfe kann von Polizei, Feuerwehr, Deutsche Bahn AG und anderen Behörden abgerufen werden. Es handelt sich um ein mehrstufiges

System, das sich von der telefonischen Beratung bis zur technischen Hilfeleistung durch TUIS-Firmen mit speziell geschulten Einsatzpersonal erstreckt.

U

Unfall-Zuwegekarten

Hierbei handelt es sich um Karten, die von der DB AG erstellt werden. Den Karten sind u.a. folgende Angaben zu entnehmen:

- Streckendaten (Verlauf, Nummern, Kilometrierung);
- Gemeindegrenzen;
- Brücken, Schallschutzwände, Tunnelportale;
- Betriebsstellen (z.B. Bahnhöfe, Haltestellen).

Unterwerke

Unterwerke dienen zur Umspannung der 110 kV der Bahnstromleitungen auf die Spannung von 15 kV der Oberleitungsanlagen. Der Abstand der Unterwerke bertägt im Fernverkehr circa 40 bis 80 km. Im S-Bahnbereich sind die Unterwerksabstände geringer.

V

Vorsignal (Vr)

Vorsignale dienen zur Ankündigung eines → Hauptsignales. Sie zeigen ein Signalbild an, dass der Triebfahrzeugführer im Bremsabstand von circa 1 000 m beim Hauptsignal zu erwarten hat. Vorsignale haben daher nur einen Warneffekt und bedingen dadurch kein Halten am Vorsignal selbst.

W

Weiche

Unter einer Weiche versteht man eine Anlage des Oberbaus, durch die die Fahrzeuge von einem in das andere Gleis gelangen können, ohne die Bewegung des Fahrzeuges zu unterbrechen. Es gibt einfache Weichen und Kreuzungsweichen.

Z

Zentralschaltstellen (Zes)

Die Zentralschaltstellen sind für die Stromversorgung der Oberleitungen ihres Bezirkes verantwortlich. Sie führen Schalthandlungen im Oberleitungsnetz selbst aus oder geben Schaltbefehle.

Zugführer (Zf)

Der Zugführer findet sich in der Regel nur noch auf Reisezügen. Bei Güterzügen wird er nur noch in Sonderfällen eingesetzt. Seine Aufgabe ist es, für die Sicherheit im und am Zug zu sorgen. Er führt für den Triebfahrzeugführer alle notwendigen organisatorischen Massnahmen zur Zugfahrt durch. Er gibt auch den Abfahrauftrag an den Triebfahrzeugführer.

Zugsammelschiene

Die Zugsammelschiene dient der Stromversorgung des Zuges. Die Einspeisung erfolgt über das Triebfahrzeug über ein Hochspannungskabel (bis zu 1 000 V) bis in den letzten Wagen. Einige Speisewagen verfügen über einen eigenen Strombügel, wenn im Stand keine Versorgung (z.B. Lokwechsel) über die Zugsammelschiene erfolgt. Auch Güterwagen können eine Zugsammelschiene besitzen.

Zugschlusssignal

Das Zugschlusssignal besteht aus einer oder zwei rotweissen Tafeln (Tagzeichen) oder zwei roten Lichtern (Nachtzeichen). Das Zugschlusssignal dient dem → Fahrdienstleiter (Fdl) und Schrankenwärter als Erkennungszeichen, dass der Zug vollständig ist.

Zugspitzensignal

Das Zugspitzensignal dient der besseren Erkennbarkeit eines sich nähernden Zuges bei Nacht und bei schlechen Sichtverhältnissen. Es besteht aus drei weissen Lichtpunkten in Form eins »A«.

Zweiwege-Hilfsgerätefahrzeuge (ZHG)

Hierbei handelt es sich um ein Zweiwege-Fahrzeug, das aufgrund seiner verminderten Ausrüstung gegenüber den → EHG/EHZ nur bei Entgleisungen geringeren Ausmaßes eingesetzt wird. ZHG sind für folgende Höchstgeschwindigkeiten ausgelegt:

- Straße 80 km/h,
- Schiene 50 km/h,
- Weiche 5 km/h.

Bild 24: Das Heidelberger Hilfeleistungslöschfahrzeug (HLF 24/14 S) ist eines von 14 Zweiwege-Fahrzeugen, mit denen die DB AG seit 1999 kommunale Feuerwehren ausstattet, die einen mehr als 1 000 Meter langen Alt-Tunnel in ihrem Bereich haben. [Foto: Jochen Thorns]

Zweiwege-Fahrzeuge

Bei Zweiwege-Fahrzeugen wird ein Strassenfahrzeug zusätzlich mit einem absenkbaren Laufwerk für den Schienenbetrieb ausgerüstet. Je nach Einsatzart wird das Fahrzeug zusätzlich mit Signal- und Sicherheitstechnik des Eisenbahnbetriebes ausgerüstet. Die Kraftübertragung und das Bremsen erfolgt oftmals wie bei Strassenfahrzeugen über die Gummiräder auf der Schiene. Das Aufgleisen erfolgt an einem in der Strassenfahrbahn eingelassenen Gleis.

10 Literaturverzeichnis

Bieger, Klaus-Jürgen: Notfallmanagement der DB AG. *In:* BRANDSchutz/Deutsche Feuerwehr-Zeitung 10/1997, S. 758–763.

Bieger, Klaus-Jürgen: Notfallmanagement der DB AG. *In:* Technisches Hilfswerk, Heft 2, 1998.

BRANDSchutz/Deutsche Feuerwehr-Zeitung 6/1999, Schwerpunktthema »ICE-Unglück Eschede«.

Döber, Joachim und Schulz, Wolfgang: Brandschutz und Technische Hilfeleistung im Bereich der Bahn AG aus Ländersicht. *In:* BRANDSchutz/Deutsche Feuerwehr-Zeitung 10/1997, S. 764–768.

Döring, Joachim: Konzernrichtlinie »Sicherheitstechnische Maßnahmen nach Freiwerden gefährlicher Güter veranlassen«, Deutsche Bahn AG.

Ermels, Thomas: Ausbildung am neuen Beleuchtungsgerät »Powermoon«/Die Sonne geht auf. *In:* Technisches Hilfswerk, Heft 2, 2000.

Göbel, Erich (Pseudonym): Neue Entwicklungen, Vereinbarung zwischen den Bundesländern und der Deutschen Bahn AG im Bereich der Gefahrenabwehr auf den Schienenanlagen der DB AG. *In:* BRANDSchutz/Deutsche Feuerwehr-Zeitung 8/1998, S. 697.

Göwecke, Karsten: Eindringen in ICE-Züge – Empfehlungen für den Einsatz an Bahnstrecken (AGBF-Papier). *In:* BRANDSchutz/Deutsche Feuerwehr-Zeitung 1/2001, S. 68–74.

Heide, Hans-Georg; Reinke, Hans-Jürgen; Wachtel, Rolf: Unfall mit einem InterCityEpress (ICE). *In:* BRANDSchutz/Deutsche Feuerwehr-Zeitung 3/1999.

Hog, Thomas: Feuewehr St. Georgen erhält von der Deutschen Bahn AG ein HLF 24/16 S (Hilfeleistungs-Lösch-Fahrzeug-Schiene). *In:* Brandhilfe, Heft 2, 2000.

Hüls, E. und Oestern, H.-J. (Hrsg.): Die Katastrophe von Eschede: Erfahrungen und Lehren – eine interdisziplinäre Analyse, Springer-Verlag Berlin Heidelberg New York, 1999.

Janicki, Jürgen: Elektrische Triebfahrzeuge. *In:* Deine Bahn, Heft 6, 2000.

Knorr, Karl-Heinz: Die Gefahren der Einsatzstelle, 7., überarbeitete und erweiterte Auflage, Verlag W. Kohlhammer, Stuttgart 2000.

Korte, Uwe: Technische Hilfeleistung bei S-Bahnen, Lehrunterlage Branddirektion Stuttgart, 1998.

Ladewig, Peter und Oddoy, Gerlinde: Schönebeck kann jeden Tag überall sein! *In:* BRANDSchutz/Deutsche Feuerwehr-Zeitung 3/1997, Seite 188.

Marxmüller, Hubert: Der DB-Einsatzleiter als Notfallmanager im Bereich der Deutschen Bahn AG. *In:* Rettungsdienst, Heft 11, 1997.

Marxmüller, Hubert: Rettung bei Eisenbahnunfällen. *In:* Rettungsdienst, Heft 9, 1993, S. 730–735.

Melioumis, Michael: Elektrizität, Verlag W. Kohlhammer, Stuttgart 2000.

Rodewald, G. und Heuschen, H.: Gefährliche Stoffe und Güter, 2. Auflage, Verlag W. Kohlhammer, Stuttgart 2000.

Schmid, Rolf: Unfälle mit Schienenfahrzeugen – Besonderheiten bei Schienenunfällen. *In:* Unfälle mit Schienenfahrzeugen, Notfallforum Baden-Württemberg, 1997.

Schmitt, Klaus Peter: Konzernrichtlinie 423 »Notfallmanagement«, Deutsche Bahn AG.

Schulz, Wolfgang: Die DB-Neubaustrecke Köln-Rhein/Main – Das etwas andere Sicherheitskonzept. *In:* Florian Hessen, Heft 6, 1999.

Schulz, Wolfgang: Anmerkungen zum Verhalten an elektrisch betriebenen Strecken der Bahn AG. *In:* Florian Hessen, Heft 5, 1996, S. 29.

Staate, Mike: 15000 V fest im Griff/Bahnerden – warum es so wichtig ist! *In:* Deine Bahn 1/98.

Thies, Helmut: Die »Festung ICE« ist geknackt. *In:* Florian Hessen, Heft 10, 1999.

Thorns, Jochen:. Feuerwehren der Deutschen Bahn AG. *In:* BRANDSchutz/Deutsche Feuerwehr-Zeitung 1/2001, S. 59.

Wachtel, Rolf: Einsätze der Feuerwehr auf den Bahnanlagen der Deutschen Bahn AG. *In:* BRANDSchutz/Deutsche Feuerwehr-Zeitung 10/1997, S. 769–774.

Wachtel, Rolf und Weber, Walter: Für die Tunnel des Alt-Schienennetzes: HLF 24/14-S. Ein Sachstandsbericht. *In:* BRANDSchutz/Deutsche Feuerwehr-Zeitung 8/2001, S. 720–735.

Technische Regelwerke, Vorschriften, Anweisungen und Richtlinien

Armaturen und Sicherheitseinrichtungen an Eisenbahn-Kesselwagen, Stand 1. März 1996, Deutsche Bahn.

Bahn Extra: Wie funktioniert die Eisenbahn?, Heft 4/98.

Der Ratgeber »Bahnanlagen – Signale«, Neumarkt/Oberpfalz 1997.

Der »Bahnerlass«/Brandschutz und Allgemeine Hilfe bei Bahnen *In:* Florian Hessen, Heft 7 u. 8, 2000.

Deutsche Bahn AG: Geschäftsbericht 1999.

Deutsche Bahn AG: Hilfeleistungseinsätze im Gleisbereich der DBAG, 02/01.

Deutsche Bahn AG: Merkblatt Gefahren des elektrischen Zugbetriebes, 1995.

Deutsche Bahn AG: Merkblatt Bahnerden – »15 000 V fest im Griff«, 1994.

Deutsche Bahn AG: Merkblatt Bauteile der Oberleitungsanlagen.

Die Beförderung gefährlicher Güter, Bundesministerium für Verkehr, Bau- und Wohnungswesen, 14. Auflage, Stand: 06/2000.

DIN VDE 0132, Brandbekämpfung im Bereich elektrischer Anlagen, Beuth Verlag GmbH, November 1989.

Entwurf DIN VDE 0132, Brandbekämpfung im Bereich elektrischer Anlagen, Beuth Verlag GmbH, Juni 2000.

Gesetz zur Neuordnung des Eisenbahnwesens (Eisenbahnneuordnungsgesetz – ENeuOG) vom 27. Dezember 1993 (BGBl. I, S. 2378).

Gesetz zur Änderung eisenbahnrechtlicher Vorschriften vom 11. Februar 1998 (BGBl. I, S. 342).

Gesetz zur Regelung der Rechtsverhältnisse der Helfer der Bundesanstalt Technisches Hilfswerk (THW-Helferrechtsgesetz – THW-HelfRG) vom 22. Januar 1990 (BGBl. I S. 118).

Rahmen-Alarm- und Einsatzplan Eisenbahn (RAEP Eisenbahn), Ministerium des Innern und für Sport, Rheinland-Pfalz.

Richtlinie »Anforderungen des Brand- und Katastrophenschutzes an den Bau und Betrieb von Eisenbahntunneln, Eisenbahn-Bundesamt.

Schröder, Hermann (Hrsg.): Prendke – Lexikon der Feuerwehr, 2. Auflage, Verlag W. Kohlhammer, Stuttgart 2001.

Schadensbekämpfung bei Brand und Kollision in Tunnelanlagen der Deutschen Bahn AG durch öffentliche Feuerwehren. Ergebnis der Arbeitsgruppe »Tunnelbrandbekämpfung« im Referat 5 – Brandbekämpfung der vfdb, 1999.

Vereinbarung zwischen den Innenministern/-senatoren für Inneres der Länder und der Deutschen Bahn AG, 1998.

27b Ludwig Timmer
Die Löschwasserversorgung
Teil 2: Die unabhängige Löschwasserversorgung
4. Auflage. 84 Seiten. € 7,–
ISBN 3-17-013076-5

29 Karl Huber
Brandschau
3. Auflage. 88 Seiten
€ 7,–
ISBN 3-17-012644-X

30 Jochen Maaß/Bernd Weißhaupt
Tierrettung
88 Seiten. € 8,90
ISBN 3-17-014915-6

31 Kurt Klingsohr
Fachrechnen für den Feuerwehrmann
5. Auflage. 116 Seiten
€ 7,–
ISBN 3-17-012739-X

32 Hermann Dembeck
Gefahren beim Umgang mit Chemikalien
4. Auflage. 244 Seiten
€ 13,80
ISBN 3-17-011277-5

33 Georg Zimmermann
Mechanik für die Feuerwehrpraxis
(Übungsaufgaben siehe Heft 49)
6. Auflage. 168 Seiten
€ 9,20
ISBN 3-17-016085-0

34 Axel Häger
Kartenkunde
156 Seiten. € 12,68
ISBN 3-17-012735-7
Durchgehend vierfarbig

35 Alfons Rempe
Ortsfeste Feuerlöschanlagen
3. Auflage. 120 Seiten. € 8,–
ISBN 3-17-013204-0

36a Hans-Peter Plattner
Gefahrgut-Einsatz
Fahrzeuge und Geräte
4. Auflage. 160 Seiten
€ 8,–
ISBN 3-17-013520-1

36b Jürgen Klein
Gefahrgut-Einsatz
Grundlagen und Taktik
2. Auflage. 112 Seiten
€ 9,20
ISBN 3-17-016856-8

40 Georg Zimmermann
Tauchen, Wasser- und Eisrettung
3. Auflage. 176 Seiten
€ 10,–
ISBN 3-17-013206-7

41 Kurt Klingsohr
Frank Habermaier
Brennbare Flüssigkeiten und Gase
7. Auflage. Ca. 100 Seiten
Ca. € 8,–
ISBN 3-17-017016-3

44a Hans Schönherr
Pumpen in der Feuerwehr
Teil 1: Einführung in die Hydromechanik/Wirkungsweise der Kreiselpumpen
4. Auflage. 112 Seiten
€ 8,–
ISBN 3-17-015172-X

44b Hans Schönherr
Pumpen in der Feuerwehr
Teil 2: Feuerlösch-Kreiselpumpen
4. Auflage. 88 Seiten. € 7,–
ISBN 3-17-016086-9

45 Heinz-Otto Geisel
Feuerwehr-Sprechfunk
6. Auflage. 160 Seiten
€ 8,90
ISBN 3-17-014025-6

46 Martin Grund
Aufzüge, Fahrtreppen, Fahrsteige
3. Auflage. 172 Seiten
€ 11,50
ISBN 3-17-013522-8

47 Dieter Karlsch
Walter Jonas
Brandschutz in der Landwirtschaft
3. Auflage. 96 Seiten. € 8,–
ISBN 3-17-012104-9

48 Heinz Bartels
Wilhelm Stratmann
Feuerwehrschläuche
2. Auflage. 72 Seiten
€ 7,–
ISBN 3-17-012568-0

49 Georg Zimmermann
Mechanik
Beispiele aus der Praxis
(Übungsaufgaben zu Heft 33)
3. Auflage. 77 Seiten. € 7,–
ISBN 3-17-014453-7

51 Georg Zimmermann
Tiefbau- und Silo-Unfälle
4. Auflage. 84 Seiten
€ 7,–
ISBN 3-17-015549-0

53 Joachim Hahn
Horst Zacher (Hrsg.)
Begriffe, Kurzzeichen, Graphische Symbole des deutschen Feuerwehrwesens
3. Auflage. 128 Seiten. € 8,–
ISBN 3-17-013099-4

54 Willi Döbbemann
Harald Müller/Werner Stiehl
Retten und Selbstretten aus Höhen und Tiefen
5. Auflage. 56 Seiten. € 7,–
ISBN 3-17-015167-3

55 Wolfgang Maurer
Hydraulisch betätigte Rettungsgeräte
2. Auflage. Ca. 160 Seiten
Ca. € 11,50
ISBN 3-17-016494-5

57 Siegfried Volz
Unterrichtseinheiten für die Brandschutzerziehung
132 Seiten. € 8,–
ISBN 3-17-013771-9

59 Frank Habermaier
Chemie
2. Auflage. 178 Seiten
€ 9,20
ISBN 3-17-012222-3

61 Axel Häger
Kfz-Marsch geschlossener Verbände
84 Seiten. € 7,–
ISBN 3-17-010489-6

62 Siegfried Volz
Brandschutzerziehung in Schulen
2. Auflage. 128 Seiten
€ 8,–
ISBN 3-17-014539-8

64 Erhard Ortelt
Abkürzungslexikon Feuerwehr
88 Seiten. € 7,–
ISBN 3-17-013774-3

66 Frieder Kircher
Georg Schmidt
Rauchabzug
216 Seiten. € 13,80
ISBN 3-17-013953-3
Durchgehend vierfarbig

67 Walter Herbst
Hygiene im Einsatz
164 Seiten. € 10,–
ISBN 3-17-014457-X

68 Ralf Fischer
Rechtsfragen beim Feuerwehreinsatz
2. Auflage. 216 Seiten
€ 11,50
ISBN 3-17-016360-4

69 Falko Sokolowski
Patientenorientierte technische Rettung
248 Seiten. € 13,80
ISBN 3-17-014581-9

70 Dietrich Ungerer
Streß und Streßbewältigung im Feuerwehreinsatz
108 Seiten. € 7,–
ISBN 3-17-015173-8

71 Siegfried Brütsch
Ulrike Mönch
Einsatzverpflegung
112 Seiten. € 8,–
ISBN 3-17-015166-5

72 Klaus Thrien
Kettensägen im Feuerwehreinsatz
184 Seiten. € 11,50
ISBN 3-17-015467-2

74 Rolf Wachtel
Hans-Georg Heide
Hubert Marxmüller
Eisenbahnunfälle
160 Seiten. € 11,50
ISBN 3-17-016042-7

Mengenpreise:
Ab 25 Exemplaren 5% Nachlaß, ab 50 Exemplaren 10% Nachlaß, ab 100 Exemplaren 15% Nachlaß. Nachlässe bei größeren Bestellungen bitte beim Verlag erfragen!
Preise zur Zeit der Drucklegung. Änderungen vorbehalten.

PRENDKE
Lexikon der Feuerwehr
Herausgegeben von Hermann Schröder
2., völlig neu bearbeitete und erweiterte Auflage
Kohlhammer